U0186098

# 电力负荷特性智能分析技术

INTELLIGENT ANALYSIS TECHNOLOGY FOR
POWER LOAD CHARACTERISTICS

曹华珍　余　涛　吴亚雄
管维灵　高　崇　孙立明　著

中国电力出版社
CHINA ELECTRIC POWER PRESS

# 内 容 提 要

本书是在广东电网公司开展的"基于先进数据挖掘方法的多维度用户负荷特性研究"网级决策科技项目研究和开发工作的基础上编写而成。

本书比较详细地阐述了基于先进数据挖掘方法的负荷特性研究及应用,重点对数据清洗、多维度负荷特性分析方法、负荷特性库构建、负荷特性关键影响因素、负荷特性应用及负荷特性分析软件开发进行了介绍。在数据清洗方面,介绍了传统的数据预处理方法,并提出了先进的数据清洗与数据重建方法;在多维度负荷特性分析方法方面,主要从单一用户和细分行业两个维度提出了负荷曲线和负荷特征的分析方法;在负荷特性库构建方面,主要提出了行业画像的概念并介绍了其在报装工作中的应用;在负荷特性关键影响因素分析方面,重点介绍了影响负荷变化的重要因素及分析方法;在负荷特性应用方面,主要从业扩报装接入优化和用电负荷组合优化两个场景进行负荷特性应用的介绍;在负荷特性分析软件开发方面,则重点对多维度用户负荷特性分析模块开发的关键技术和功能设计进行了介绍。

本书既可作为从事配电网规划、负荷分析预测和市场营销等工作人员的工具书,又可作为各研究部门和高等院校师生的参考书。

**图书在版编目(CIP)数据**

电力负荷特性智能分析技术/曹华珍等著 . —北京:中国电力出版社,2023.12(2024.6 重印)
ISBN 978-7-5198-7481-0

Ⅰ.①电… Ⅱ.①曹… Ⅲ.①电力系统—负荷(电)—研究 Ⅳ.①TM715

中国国家版本馆 CIP 数据核字(2023)第 038450 号

出版发行:中国电力出版社
地　　址:北京市东城区北京站西街 19 号(邮政编码 100005)
网　　址:http://www.cepp.sgcc.com.cn
责任编辑:乔　莉(010—63412535)
责任校对:黄　蓓　马　宁
装帧设计:赵丽媛
责任印制:吴　迪

印　　刷:北京天泽润科贸有限公司
版　　次:2023 年 12 月第一版
印　　次:2024 年 6 月北京第二次印刷
开　　本:787 毫米×1092 毫米　16 开本
印　　张:8.75
字　　数:182 千字
定　　价:49.00 元

# 前　言

　　随着我国经济的快速发展，电力能源需求急剧上升。 2020 年 9 月，国家提出碳达峰、碳中和的战略目标和决策部署。 2021 年 3 月，国家提出要构建清洁低碳安全高效的能源体系，控制化石能源总量，着力提高利用效能，实施可再生能源替代行动，深化电力体制改革，构建新型电力系统。 在上述背景下，产业结构进一步优化调整，产业用电比例也持续优化。 此外，各个地区的最大负荷持续增长，负荷情况也变得更加复杂多变，电力传输通道的压力持续提高，峰谷差率不断增大，电网调峰愈发困难，电网维持稳定可靠运行的压力越来越大。

　　我国能源转型变革下的负荷特性研究相对于传统负荷特性研究困难程度进一步增加。 能源转型变革背景下，电力市场改革将深入到用电侧，同时分布式电源和电动汽车等灵活性资源广泛渗透到用电侧。 用电侧电力市场改革和需求响应是将社会经济因素更深入地介入到多元用户的用电行为，而分布式电源和电动汽车等用电侧新资源则把传统的"被动负荷"逐步转变为"主动负荷"。 这些变化令大量历史积累的负荷数据对能源转型变革下的负荷特性研究的参考价值严重下降，现代负荷特性研究面临缺乏可参考的历史数据的窘境。

　　在电力研究领域，负荷特性分析向来是电力系统规划和运行中最基础，也是最难以准确建模的一个传统性瓶颈问题。 对于用户负荷特性分析，传统精确数学建模的方法在强非线性和随机性的复杂动态系统中难以获得可信的结果，采用随机过程和统计性方法也难以满足电网规划和运行的精准性要求。 目前，负荷特性研究的粗颗粒度严重制约了电力系统规划和运行技术向精准化发展。

　　为了进一步研究新形势下的负荷特性变化规律和发展趋势，摸清各区域负荷特性现状，探讨需求响应和移峰填谷的有关政策措施，为电力企业的配电网规划等工作提供决策参考依据，广东电网公司开展了"基于先进数据挖掘方法的多维度用户负荷特性研究"，对部分城市进行数据收集、调研，提出了"数据清洗 - 数据挖掘分析 - 典型日负荷曲线提取 - 负荷特性应用"的智能化负荷特性分析方法，创新性地采用了多种先进的数据挖掘方法对海量电网多源数据开展分析工作，建立了多维度负荷特性库，开展了影响用户负荷特性的关键因素研究，针对不同的规划业务提出了基于负荷特性分析的解决方案框架。 另外，依托数字化转型背景，开发了多维度用户负荷特性分析软件，以信息化手段对研究成果进行固化，保证研究成果有效落地。

本书针对当前负荷特性研究和技术开发痛点，精心筛选相关技术和研究资料，结合实际电网工作需求而编写。本书第 1～3 章由广东电网公司电网规划研究中心的曹华珍、吴亚雄、高崇编写，第 4～6 章由华南理工大学电力学院的余涛、管维灵、王艺澎编写，第 7 章由广州水沐青华科技有限公司的孙立明、陈世濠、王文超、秦习淳编写并开发多维度用户负荷特性分析软件模块。全书由曹华珍和余涛统稿。感谢广东电网公司唐俊熙、许志恒、张俊潇、王天霖、陈沛东、何璇、陈苒等科研人员和华南理工大学吴毓峰、石颖、陈吕鹏、刘熙鹏等研究生对本书编写工作的支持，感谢科研助理陈锋升对格式修订做出的贡献。在电力负荷特性研究的过程中，得到了有关部门领导和专家的大力支持和悉心指导，在此书付梓之际，对所有提供无私帮助的同志表示由衷的感谢。

限于本书篇幅及保密性要求，书中内容难免简化，不当之处，敬请谅解。

作者

2023 年 5 月

# 目　录

# 1 概　　述

## 1.1　研究背景及意义

负荷是电力系统的重要组成部分，作为电能的消耗者，对电力系统的分析、设计与控制有着重要影响。我国一般将电力系统分为"发、输、变、配、用"五部分，前面四部分的物理特性和数学建模经过多年研究已经十分清晰，即使是风电、光伏等间歇性新能源特性最近几年也得到了深度剖析，而发电机、励磁系统、原动机、负荷等传统电力系统四大参数辨识技术中，唯有用电侧的负荷特性难以辨识。对于负荷这一类对象，传统数学建模的方法在强非线性和随机性的复杂动态系统中难以获得可信的结果，采用随机过程和统计性方法也难以满足电网规划和运行的精准性要求。目前，负荷特性研究的粗颗粒度严重制约了电力系统规划和运行技术向精准化发展。

负荷特性研究的困难在于研究对象是一个不断快速发展的复杂系统。由于经济快速发展，整体能源需求急剧上升，在国家大力推广电能替代的背景下，电力能源需求的攀升尤为突出，电能终端消费呈现出不断攀升的发展趋势。同时，各地区积极响应国家号召，持续推进产业结构调整升级，逐步对高耗能、低效率、高污染型企业进行整改升级，整体产业结构进一步优化调整，也就使得产业用电比例发生了较大改变。因此，各地区的负荷呈现整体上升，各行业用电比例不断变化的大趋势，进一步导致各地区的最大负荷出现持续增长，电力传输通道的压力持续提高，峰谷差率不断增大，电网调峰愈发困难，给整个电网的安稳运行带来了巨大挑战，同时也给负荷预测、配电网规划、电力市场管理分析等方面带来了很多困难。

进入 21 世纪以来，能源转型逐渐成为很多国家的共识。我国能源转型变革下的负荷特性研究相比于传统负荷特性研究，困难程度呈现几何级数增加，主要体现在两个方面：其一是电力市场改革深入到用电侧；其二是分布式电源和电动汽车等灵活性资源广泛渗透到用电侧。用电侧电力市场改革和需求响应是将"社会经济因素"更深入地介入到多元用户的用电行为；而分布式电源和电动汽车等灵活性资源则逐渐赋予了用电侧有源性和主动性。这两个方面的变化，令大量历史积累的负荷数据对能源转型变革下的负荷特性研究的参考价值严重下降。

现代负荷特性研究首先需要解决相关的各类数据获取的问题。为开展满足电网精细化管理要求、能够服务于配电网规划等的负荷特性研究工作，更加全面而深入地挖掘负荷数据中的有效信息，大量有效的数据是不可或缺的。近十年来，随着智能电网建设的不断深入，大部分电网已实现计量自动化系统覆盖。过去电力负荷数据依赖工作人员抄表统计，数据量有限、无法准确对时，而目前计量自动化系统和智能电能表的应用解决了各电压等级计量数据精确采集的问题，具备了研究与实施数据挖掘高级应用的较好的基础条件。

现代负荷特性研究其次要解决的问题是对海量多源数据进行清洗、挖掘和分析。尽管南方电网和国家电网都已经建立起广覆盖的计量自动化系统，电能量数据总量已十分庞大，但到目前来说这些数据还存在着碎片化分布、缺乏系统性、数据不健全、采集的数据有偏差甚至丢失等问题。在如今经济持续增长、电力行业迅速发展和数据聚焦要求不断提高的大背景下，如何对电力行业大量的真实负荷数据进行数据处理，提高数据整体质量水平，充分利用这些海量原始数据中的有效信息对不同行业用户进行有效的负荷特性研究分析，从而为电力负荷管理工作提供决策支持，对电网全面掌握各个行业乃至各个用户的用电习惯，进行负荷预测以指导配电网规划，完成对电力市场的管理分析等多个方面都有着重大的意义。

采用先进数据挖掘方法对多维负荷特性进行深度研究的价值和意义，可从配电网侧与用户侧两个角度来说明。

对配电网侧来说，一方面，电网现阶段保存了大量的原始电力负荷数据，但这些数据更深层次的信息价值还有待进一步的发掘。因此，针对真实的电力数据展开分析，研究适用电网实际状况的数据挖掘方法，可最大化发挥电网现有电力数据的信息价值，并为后续电网理论分析研究奠定坚实的数据基础。另一方面，电网作为电能唯一的传输通道，联系着发电侧与用电侧两端，承担着重大的社会责任，既要确保输电网规划的经济性与环保性，又必须要保证每个阶段发电和用电相匹配，即电力电量平衡。而负荷特性能够准确反映电网当前的运行状态等相关情况。因此，通过提取单个用户、各个行业在时域、频域等多个维度的负荷数据特征，并对其进行研究分析，构建全面完善的负荷特征库应用于实际生产工作中，可以提高电网负荷预测精度，为配电网规划提供更为细致的指导，并为电网的安稳运行的分析提供依据。此外，若进一步对负荷特性中的各个指标进行深层次的探究分析，还可能发现负荷特性指标之间的内在联系规律，对提高负荷预测水平、完善电力需求侧管理、优化电网投资结构、推进电网环保建设等提供巨大帮助。

对用户侧来说，随着国家整体经济发展和各个企业的科技水平不断提高，电网提供的传统供电服务已经不能满足部分用户的需求。换句话说，用户对供电服务的需求呈现了高度差异化、深度层次化的趋势，在传统的数量需求之上，对质量、价格、环保等多个方面提出了更高标准的具体要求。因此，在电力市场不断发展的今天，给用户提供用电个性化服务，满足不同用户的差异化需求，已经成为一个具有实际意义的难题。而通过对电网负荷数据的处理分析，可以完成具体到单个用户的典型负荷曲线的提取以及各个负荷特征指标的计算分析,使电网准确掌握各个用户现阶段的用电习惯以及未来可能的负荷变化情况,从而提高了对用户供电的可靠性,同时使得电网为各个用户提供个性化服务成为可能。

迄今为止,国内外负荷特性的分析研究大多还是集中在传统负荷特征指标体系下关于日最大负荷、负荷率等指标的讨论。随着电力改革进一步深入,电网转型进一步展开,使用传统方法对传统负荷指标进行研究将不能满足电网精细化管理的需求,合理地选取负荷特性指标,构建更为全面完善的多维度负荷指标体系,是电网企业在未来成功完成产业转型、提高电网发展水平的必然需求。

## 1.2 国内外负荷特性研究现状

负荷特性分析涉及海量的电力负荷数据、数据挖掘方法、基于电力数据的负荷特性分析方法、依托开发框架搭建用于实际业务工作的多维度负荷特性分析工具。

### 1.2.1 电力行业大数据发展现状

随着数字化时代的迅猛发展,信息量也呈爆炸性增长态势。从人类出现文明到 2003 年,人类总共产生了 5EB 数据,而这仅是当前人类社会两天的数据量。2011 年全球数据量已达到 1.8ZB,相当于全世界人均产生 200GB 以上的数据,并且还将以每年 50% 的速度继续增长。电力工业经过几十年来的高速发展,其传统发展模式正在逐步退出历史舞台,在新形势下,无论是国家政策要求,外部竞争压力,还是企业自身发展,电力行业的信息化规划和建设都是大势所趋,通过对电力大数据的分析运用来提高企业的管理水平和竞争力将是电力企业的必由之路。

电力大数据是基于对大数据内涵和外延的深入理解,结合电力企业数据现状和业务需求,所提出的一种概念,其核心思想为:以业务趋势预测、数据价值挖掘为目标,利用数据集成管理、数据存储、数据计算、分析挖掘等方面关键核心技术,实现面向典型业务场景的模式创新及应用提升。国内外相关学者及单位就电力大数据的建设以及应用开发展开了一系列的研究工作。本书立足于电力大数据在配电网侧与用户侧中的实际应用,主要讨论对象明确为配用电侧。

**1. 国外研究现状**

国外智能电网起步较早,电力数据建设与实际应用也更为成熟,以智能电网监控中相量监测这一子系统为例,早在 2006 年美国就已建议安装同步相量监测系统。目前,美国的 100 个相位测量装置(phasor measurement unit,PMU)一天收集 62 亿个数据点,数据量约为 60GB,而如果监测装置增加到 1000 套,每天采集的数据点为 415 亿个,数据量达到 402 GB。

在具体的电力大数据研究应用中,海外公司在研究智能自动化方面取得了一定的成果,研发了"智能电网评估与投资优化决策系统",为合理优化各种建设改造投资计划提供了支持和帮助;同时还发布了"智能停电管理系统""电网状态智能感知与报警系统"等,实现企业停电处理的管理与优化,智能获取电网实时运行状态,为监管人员做出合理决策提供技术支持。此外,美国和加拿大还利用用户的历史用电数据信息进行了大数据技术的应用研究。

### 2. 国内研究现状

"十一五"期间,国家电网公司开始"SG-186工程"工作计划,开展了多个智能电网大数据的相关项目研究,研发实现了企业级公司一体化信息集成平台。"十二五"期间,国网电网公司进一步全方位推广数字化战略,推出了企业资源计划系统"SG-ERP"。此外,中国华能集团有限公司为适应大数据的发展要求,于2008年就开始制定未来电网信息化规划,计划建立统一生产管理和多业务处理平台;北京市电力公司着重研究了"基于营配数据一体化的智能电网大数据应用"并且取得了初步成果;江苏省电力公司为了在大数据环境下发掘新的用户服务模式,在2013年首次上线运行了"智能电网大数据营销分析系统",为电力用户提供了更优质的服务。

随着电力大数据及智能电网建设工作的不断推进,电网高级量测体系得到了充足的发展,能为实施各方带来显著效益。以智能电能表为例,2009年以来,国家电网公司全面推动智能电能表的安装和应用,截至2014年7月,已累计安装智能电能表2.2亿只,用电信息采集系统覆盖2.3亿户。南方电网公司也在加快计量自动化系统的建设,截至2014年8月,南方电网公司下属的广东电网公司和广西电网公司已建成省级计量自动化系统,广西电网公司已实现厂站、专用变压器和公用变压器三类终端全覆盖,低压集抄用户覆盖率达44.1%,智能电能表在我国得到了空前的发展和应用。

智能电能表的发展是电力大数据在电力行业发展的一个缩影。迄今为止,在电力大数据时代的驱动下,电网信息化建设的巨大发展潜力已被初步挖掘,应用前景也逐步展现。然而,必须清晰地意识到电力大数据的建设与应用并非一蹴而就,而是一个需要长时间的积累,大量实践的支撑,一步一步走向成熟的过程。在这个过程中,电力大数据技术的发展显然还存在着不少的问题。

随着电力信息化的快速发展,根据不同的业务需求,实时监测系统、测控一体化系统等信息管理系统得到了广泛的应用。信息系统逐步成为电力大数据的主要来源,其业务范围包含了发电、输电、变电、配电、市场和用户六部分,其中涵盖了输配电资产管理、用户用电信息、生产停运管理、分布式能源管理、需求管理等多项数据实体及数据流动的交互关系。由于电力数据从各个系统生产运营过程中产生,而各子系统间分散管理,因此在不同管理系统中难以避免地存在数据结构不统一、数据存储碎片化以及缺乏系统性等问题。同时从数据价值挖掘上看,还停留在浅层学习阶段,出现了"数据丰富、信息缺乏"的情况,所以目前电力行业的数据资产价值发展现状仍然处于粗放型阶段。

实现大数据技术在电力系统的全面应用,从电力系统各子领域出发的研究和实践是必经之路。这些子领域中的数据通常也具有多类型、分散和未充分利用的特征,借助大数据技术既可促进子领域的技术进步,也能够在一个较小的、可控的范围内验证、发展电力大数据技术,并为最终的多领域融合做好准备。事实上,大数据的含义也在不断演变,正是在与各类实际问题的互动过程中,才具有真正的活力。为此,选取理论研究较为成熟的负荷特性分析这一子领域展开电力大数据应用的深入探讨,旨在推动电力大数据在实际工作中的应用。

## 1.2.2 数据挖掘方法研究现状

现阶段缺乏对数据进行深层挖掘和探索的高级分析手段,跨部门之间未形成有效的信息沟通,各种数据挖掘技术还尚处在试用阶段,未全方面进行推广运行,因此制约了电力企业从数字化向智能化的发展。

数据挖掘可以被用以发现传统统计和机器学习无法发现的知识,自 20 世纪 70 年代的电子邮件时代起,互联网中的信息传输量便呈爆炸性指数增长,如今,数据挖掘对于信息中知识挖掘的任务显得愈发重要。而国内外的各大科研机构相继也对数据挖掘这一领域进行了广泛的研究。

### 1. 国外研究现状

Cooley R 等人分析了 Web 数据挖掘的三个阶段[1],即预处理、模式发现、模式分析三个阶段进行的操作等,并提供了 Web 数据挖掘方面的详细分类,针对系统实例给出简要概述。Rakesh Agrawal 等人[2]描述了关于聚合数据的模型,建立决策树分类器的训练数据,并且对这些数据中的某些个体记录值做扰乱操作,结果数据记录与原始记录大不相同,数据值的分布也与原始分布大为不同,就此提出了一种全新的程序来精确估计原始数据值的分布;通过使用这些重构的分布,建立分类器,其准确度与原始数据构建的分类器的准确度相当。Sharma Anil 等人[3]对数据挖掘的工具进行了研究,并从中检索了一些有趣的模式,在文献中定义了各种参数,为挖掘工具提供了基础,而后使用不同工具执行了数据分析,对挖掘工具进行比较分析,观察了根据某些选定的参数,工具进行操作的行为。针对数据挖掘的研究具有多样性,有些理论已经广泛应用于商业生产中,而如今的互联网时刻都在关注用户的体验,因此为互联网用户提供更好的服务也成为数据挖掘的迫切需求。

### 2. 国内研究现状

慕春棣等人[4]研究了应用在数据挖掘中的贝叶斯网络,指出贝叶斯网络学习的主要任务是找出一个可反映当前数据库中各数据变量间依赖关系的贝叶斯网络模型,即根据先验知识和数据样本,找出贝叶斯网络 S,且 S 的后验概率最大。西安电子科技大学的崔继凯[5]

完成了基于微软分析服务器的销售分析与报表系统，分别阐述了会员的购物频繁序列模式产生算法和关联规则分析。许中卫等人[6]提出了一种基于粗糙集理论的数据挖掘模型，该模型从实际数据出发，运用不同简化层次的算法，导出每个层次上的信息集，最后得到规则集。在进行推理和决策分析时，按照一定算法进行匹配得出结论。梁旭、张楠等人[7]在分析各类关联规则挖掘算法的基础上，对 Apriori 算法进行了深入探索，并提出了其改进算法 FA，当计算候选集的支持度时，FA 算法使用的记录数小于事务数。国内的这些研究中，将聚类分析算法与关联规则挖掘算法相结合的应用相对空白。

### 1.2.3　负荷特性分析方法研究现状

随着我国电力市场的发展和电力技术水平的不断提高，负荷特性调研、分析和预测作为电力市场分析的一项基础工作，对于电力企业的经营和规划发展越来越重要，特别是对电网在电力不足、电力平衡和电力富余等不同情况下的负荷特性进行深入分析，把握负荷特性变化的规律和发展趋势，掌握负荷特性现状，已经成为电力企业经营和发展规划的决策依据。

#### 1. 国外研究现状

发达国家电力的使用历史比我国久远，在电网方面实施改革的时间也早于我国，负荷特性分析技术也有较长的历史。早在 20 世纪 50 年代，日本九大电力公司就联合成立了电力方面的专业调查机构"电力调查委员会"，专门进行较为科学的负荷数据采集、负荷特性调研分析以及预测工作。而在美国、英国等西方发达国家，不仅是电厂和供电企业，还有其他的一些政府监管部门也会做负荷特性分析工作。国外的负荷特性分析工作主要有以下方面的内容：负荷特性指标分类、负荷数据调研、分地区分行业负荷特点、负荷特性影响因素、负荷特性的调节控制措施等，这些均可为我国进行负荷特性研究工作提供参考价值。

#### 2. 国内研究现状

不同于过去在计划经济体制下负荷特性分析工作没有受到充分重视的情况，现阶段我国正处于电力市场化的过渡期。随着竞争机制被引入电力市场，发电企业、电网企业与电力监管机构开始重视电力负荷特性的分析与预测工作。

同时随着近年来我国智能电网建设工作的大力推进，信息通信技术的不断发展，"云大物移智"在配电网中的应用已得到广泛的重视，其中大数据更是成为配电网研究的新热点，这推动了各个地区配电网相应计量系统的建设。就中山供电局而言，截至 2014 年底，已安设 112.9 万个电能计量点，在运行单相和三相电能表分别为 86.2 万只和 25.4 万只，这解决了早期的电力系统负荷特性研究对各类电力负荷难以实时监测、缺乏相应基础数据支持的问题，为负荷特性的进一步研究提供了前提条件。所以，负荷特性相关的研究受到了广大科研工作者和工程人员的重视。

国内对负荷特性的实用化研究是从 2000 年国家提出"西电东送"的目标后，由一些电力专家发起的。自此国家电网公司组织各网省电力公司全面、系统收集有关负荷特性资料，同时选取华东、浙江、湖北、四川四个电网和北京、上海、南京、福州、兰州、长沙、南宁、大连八个城市进行负荷特性的分析试点工作。过去十年中，各网省公司及地区电网对本区域电网负荷特性有不同程度的分析，也运用了不同的分析方法进行分析，如年度负荷特性分析、月负荷特性分析和典型日特性分析。负荷特性影响因素分析一般从气温气候的影响、需求侧管理措施的影响、生活水平的提高及消费观念变化的影响、地区经济增长与工业结构调整的影响、电力供应能力的影响等方面进行分析。

具体而言，刘明波教授对广州市电网展开了相应的负荷特性分析，提取了总负荷夏冬及全年的典型日负荷曲线，并分析了气温及产业结构对负荷的影响，初步掌握了广州负荷的变化趋势；国家湖南省电力公司计算了湖南省总负荷率及峰谷差等负荷特性指标，并着重展开了负荷率影响因素的研究，总结得出湖南电网迫切需要解决的主要矛盾；代卫星等基于广东省各地市的负荷数据，计算得出了相应的负荷特性指标，利用聚类算法对用地的终期负荷密度指标进行处理，确定各类用地的档次范围，并根据国民经济分类提取各行业的典型负荷曲线，依此对配电网规划和需求侧管理（DSM）提供了相关建议。类似地，上海市、内蒙古西部、山东省等电网公司都分别开展了相应的负荷特性分析研究，并给出了适合当地电网建设发展的相关意见。上述提到的研究都是分地区开展的，且随着时间的推移，很多情况与得到的结论不具有普遍的指导意义。此外，这些研究大多针对的是区域整体的总负荷展开相应的特性分析，并没有按照行业对负荷进行分类，没有挖掘各个行业负荷的用电习惯，没有将收集所得的数据资源的价值最大化。

云南电网公司选取云南省两个不同地区各个行业的典型用户负荷进行负荷特性分析，探讨了该区域影响负荷特性变化的可能因素；而袁鸣峰等人则是对某地区的用电负荷数据进行收集，根据日负荷曲线的区别，利用模糊 C 均值聚类算法对区域内用户进行行业分类，并利用 BP 神经网络算法对负荷进行预测[8]；相同地，孙源等通过收集冀北五地市用户的负荷数据，对数据进行处理，并利用 K 均值聚类（K_Means）算法对用户进行行业聚类[9]，得到该区域各个行业的典型负荷曲线。这些研究利用不同的方法对不同区域展开了行业负荷特性的研究，讨论了不同行业的用电习惯，给出了相应的指导意见。然而，这些研究并没有对各个行业不同用户进行进一步的讨论。

综上所述，现阶段关于负荷特性的研究已经在各个地区得到了足够的重视，但这些研究所得的结论由于取样区域的不同而截然不同，不具有普适性。除此之外，这些研究大多基于传统常规的负荷特征指标，极少从多个维度对负荷展开分析，且这些讨论大部分停留在总负荷和对单个用户进行分析或是单行业聚类层面，忽视了各个行业通常还具有不同的典型用电模式，没有对其进行深入讨论，也就是缺乏对行业内用户的二次聚类分析，更没有形成一个涵盖地区用户的负荷特征库以保存单个用户乃至整个行业的个性化特征。

### 1.2.4 负荷特性分析工具开发及应用现状

在如今经济持续增长与电力行业迅速发展的大背景下，运用数据挖掘方法对海量电能数据进行处理与分析，提取出相应的负荷特性特征，完成负荷特性分析，掌握每个行业乃至单个用户的用电特征，对提高负荷预测精度、指导电网规划、完善电力市场管理与电力需求侧管理等多个方面都具有重大的现实意义。相应地，国内外都已经逐步开展了负荷特性分析软件的开发及应用的工作。

#### 1. 国外研究现状

在发达国家电力市场发展较为成熟，竞争机制在电力行业发展早期就被引入的大背景下，发达国家的负荷特性系统开发更为关注用户的用电体验及个性化行为。德国 E. ON 电力公司基于大数据实现实时用电查询，除了电网状态监测、用户用电测量，还可存储并加密保护历史 24 个月电能表数据，提供实时用电消费计算及查询。加拿大 BCHydro 电力公司基于大数据的用户行为分析，实现了实时用电消费计算及呈现、用户用电模式分析及呈现、用电断供通知以及快速恢复、窃电检测及节能管理。

#### 2. 国内研究现状

在山西电网，段育良等人以实用化为指导思想，在 Visual Basic 平台上利用 Access 数据库开发出一套负荷特性分析以及负荷指标计算的软件。该软件主要包括日、月、年负荷特性各类指标计算及各种负荷特性曲线绘制功能。将其实际应用于山西某地区的电网中，结果表明，该软件具有负荷特性指标计算全面、数据易于管理、界面友好、使用方便及负荷曲线图易于绘制的优点。

由南方电网科学研究院领头开发的"电力需求预测及负荷特性分析系统"参照跨行业数据挖掘标准流程（CRISP - DM）模型，采用目前常用的多层体系 Browser/Server 结构进行设计开发，从技术上保证系统灵活的扩展能力、良好的可再升级性能和快速移植的能力。就负荷特性分析功能而言，该软件是一个以南方电网规划运行数据库为基础的高级应用软件，其中的一个功能是对历史负荷、电量、人口、经济产值等数据进行统计分析和挖掘计算，找出电力需求及其影响因素的变化规律。而另一个功能则是统计主要的年负荷特性指标，包括季度不均衡率、年平均日负荷率、年最大负荷利用小时数、年负荷率、月不均衡系数、年平均日最小负荷率、年最大和最小负荷及其时间、年平均负荷、年最大日峰谷差及其时间、年平均日峰谷差率等，并完成年负荷曲线的分析及年持续负荷曲线、年 365 天最大负荷曲线的绘制。

国网湖南省电力有限公司发展策划部和湖南大学联合开发的"电力负荷特性在线记

录系统软件"采用 Visual C++6.0 编写，以牵引变电站为对象实现全时间点状态监测和负荷特性记录，具有存储容量大、功能齐全、调试简便、开发周期短和测量准确度高等优点。

由上海浦海求实电力新技术股份有限公司研发的"电力负荷特性参数分析软件包"是一款基于 Windows 操作系统的应用软件，其采用 Client/Server 结构，运用 Delphi 语言进行开发，并使用 Oracle 进行数据库管理。该软件系统实现了行业负荷特性参数值的计算，如负荷密度、同时率、行业典型负荷曲线等，使原来定性的负荷分析转变为定量分析，并能对地区、用户、配电变压器、线路和变电站进行负荷预测，给出设备的下一年度负荷率和可供用户容量裕量，具有一定的实际应用价值。

综上所述，现阶段负荷特性分析工具的开发已经逐步展开，并应用于实际的工作中，但这些软件系统对负荷数据的利用还是处在计算特性指标参数的层面上，并没有对行业乃至各个用户的用电模式进行深入分析，功能模块也较为单一，实际的应用价值有限。

## 1.3 传统负荷特性分析存在的问题

通过前面对负荷特性研究现状的梳理，可以发现现阶段关于负荷特性的研究已经在很多国家展开，但这些研究工作大多是比较分散的，没有形成一个从理论到实际应用完整打通的体系，而且大部分对负荷特性的研究还存在着一定的不足。

### 1. 从海量电网真实数据中挖掘负荷特性缺乏有效性

负荷特性的挖掘工作目前仍处在粗放阶段，对数据利用的手段还主要停留在对表格、报告等基础资料的表面价值的统计、分析阶段，并没有全面合理地利用数据所含信息。目前缺乏利用电网海量真实数据对负荷特性进行深层挖掘和探索的高级分析手段，跨部门之间未形成有效的信息沟通，各种数据挖掘技术还尚处在试用阶段，未全方面进行推广运行。

### 2. 外部因素对负荷特性的影响不明确

研究外部因素对负荷变化的重要影响，有利于掌握各关键因素对用电负荷的潜在规律。在后续研究中，需要将挖掘得到的负荷特性服务于电网规划工作，在这个过程中，考虑气象变化、电价政策、经济数据等因素对用户负荷特性的影响，将提高不同场景下电网规划工作的实用性和可靠性。

### 3. 负荷特性难以支撑指导电网规划工作

现阶段研究大多基于传统常规的负荷特征指标，尚未从多个维度对负荷展开分析，且这些讨论大部分停留在总负荷和对单个用户进行分析或是单行业聚类层面，忽视了各个行业通常还具有不同的典型用电模式。另外，负荷特征指标与分析方法过于单一，对用户用电行为分析不足，难以支撑开展用户个性化服务和差异化服务。

### 4. 负荷特性分析软件系统应用功能不完善

负荷特性分析软件大多数集中于计算特性指标，为电网展开用户个性化分析提供了帮助，但其普遍存在着功能模块尚未完善的问题，缺乏依托于电网实际业务开展的具体流程，目前还没有形成一个可以直接应用于电网实际业务的具体功能。

# 2  原始数据预处理

要开展满足电网精细化管理要求、能够服务于配电网规划等工作的电力负荷特性研究，有必要更加全面而深入地挖掘电力负荷数据中的有效信息。电力负荷数据量大，易受到噪声数据、数据值缺失、数据冲突等影响，因此原始数据预处理，是开展研究时重要的基础工作。

采用数据预处理方法处理原始电力负荷数据，需要对电力负荷特性分析中常用的数据预处理传统方法进行调研、整理和研究。

数据预处理过程包括负荷曲线的归一化、数据清洗和数据重建。

（1）负荷曲线的归一化[10]目的是将负荷的有名值按一定比例缩放至一个小的特定区间，仅保留负荷曲线的变化趋势，方便原本数量级不同的用户负荷进行对比和综合分析。

（2）数据清洗是将异常的数据进行修正，对丢失的数据进行补全，改善数据完整性和正确性。

（3）数据重建是在数据清洗后，还原低分辨率数据高频细节信息，提升数据价值。

## 2.1  负荷曲线归一化

归一化是将数据按比例缩放，使之落入一个小的特定区间。对于涉及距离度量的分类方法，归一化可以帮助防止具有较大初始值域的指标与具有较小初始值域的指标相比权重过大。数据归一化的方法有多种，这里介绍四种归一化方法。

为了方便使用，记原始用户负荷值为 $X=(x_1, x_2, \cdots, x_n)$。

### 1. 线性比例归一化

线性比例归一化[11]就是利用数据中的最大或者最小值作为基值，对各个测量值进行线性化。具体来说，针对负荷数据这类的效益型数据（数值越大代表效益越强），选择最大值进行变化。而若是属于成本型数据，则使用最小值。此处仅介绍效益型数据的处理方法，公式为

$$x_i' = \frac{x_i}{\max(X)} \tag{2-1}$$

式中：$x_i'$ 为第 $i$ 个数据线性比例归一化的结果；$x_i$ 为第 $i$ 个原始数据；$X$ 为数据整体；

max $(X)$ 为数据最大值。

对于负荷数据而言，该方法可以很好地保持数据之间的联系，并且利于负荷特性指标的计算。

### 2. 极差标准化

极差标准化[12]是将数据缩放为数据同均值间的距离和极差的比例。极差标准化变换后的数据，每个用户的负荷均值为 0，极差为 1，且 $|x_i'|<1$，在以后的分析中可以减少误差的产生。计算公式为

$$\overline{X} = \frac{1}{n}\sum_{j=1}^{n}x_j \qquad (2-2)$$

$$x_i' = \frac{x_i - \overline{X}}{\max(X) - \min(X)} \quad (i=1,2,\cdots,n) \qquad (2-3)$$

式中：$\overline{X}$ 为均值；$\min(X)$ 为数据最小值。

### 3. 标准化

标准化[13]是将数据缩放为数据同均值间距离和方差的比例。标准化变换后每个用户的负荷均值为 0，标准差为 1。计算公式为

$$x_i' = \frac{x_i - \overline{X}}{s} \quad (i=1,2,\cdots,n) \qquad (2-4)$$

$$s = \frac{1}{n-1}\sum_{i=1}^{n}(x-\overline{X})^2 \qquad (2-5)$$

式中：$s$ 为方差。

### 4. 极差归一化

对用户数据进行极差归一化[14]，将 $x_i$ 的值映射到区间 $[a,b]$ 中的 $x_i'$，极差归一化保持原始数据值之间的联系。计算公式为

$$x_i' = \frac{x_i - \min(X)}{\max(X) - \min(X)}(b-a) + a \quad (i=1,2,\cdots,n) \qquad (2-6)$$

式中：一般选择 $a=0$，$b=1$，所以归一化后的数据取值范围均在 0～1 之间。

### 5. 归一化方法适用场景对比

总结上述线性比例归一化、极差标准化、标准化和极差归一化的方法，可发现极差标准化、标准化的处理结果会出现小于零的情景，这对于负荷数据来说并不理想。而极差归一化方法虽然很好地保持了数据之间的联系，但所得结果对于后续处理并不方便。相比之下，线性比例归一化实现较为方便简单，且便于后续的负荷特性提取。将各种方法的实现难度和对后续负荷分析适用程度进行比较，见表 2-1。

表 2 - 1　　　　　　　　　　　归一化方法性能对比

| 归一化方法 | 实现难度 | 适用场景 | 负荷分析适用程度 |
| --- | --- | --- | --- |
| 线性比例归一化 | 简单 | 需要保持数据大小联系，数据比值具有现实意义 | 非常适用 |
| 极差标准化 | 一般 | 需要保证数据均值为0，极差为1，并对后续计算误差有要求 | 不适用 |
| 标准化 | 一般 | 需要保证数据均值为0，标准差为1 | 不适用 |
| 极差归一化 | 一般 | 需要保持原始数据值之间的联系，对映射区间有特别要求，且原始数据最小值均变为0，不符合负荷数据处理要求 | 较为不适用 |

　　综上所述，线性比例归一化是负荷数据最为理想的归一化方法，将统一采用线性比例归一化方法对负荷曲线进行归一化处理。

## 2.2　负荷数据清洗

　　根据实际收集资料情况可知，负荷数据库极大，数据库极易受噪声、丢失数据和不一致数据的侵扰[15]。低质量的负荷数据将导致分析结果失真，数据清洗是负荷分析重要的第一步。

　　通用实际负荷数据的质量分析可知，由于计量设备故障或数据通信丢包等原因，收资数据存在许多问题，异常值和缺失值较多。部分用户的日负荷数据行存在一整天缺失或者大片缺失情况。

　　针对电网数据实际情况，应首先考虑对缺失严重的日负荷数据进行弃用，对相对完整的日负荷数据行进行异常数据识别，并对异常值和缺失值进行修正和补全。负荷数据清洗流程框图如图 2 - 1 所示。

　　在图 2 - 1 所示步骤 5 中，使用了数据填充方法对异常值及缺失值进行修正和补全，为保证对数据恢复结果的可靠性和准确性，对负荷数据信息进行最大程度的补全。下面介绍传统的负荷数据填充方法，包括拉格朗日插值法、相似日均值替代法、BP神经网络法和基于低秩矩阵性的数据填充方法，并分析其在不同应用场景中的优缺点。

### 1. 拉格朗日插值法[16]

　　拉格朗日插值法是利用同一天各时点前后具有较强的连续性和自相关性的数据恢复算法，其假设

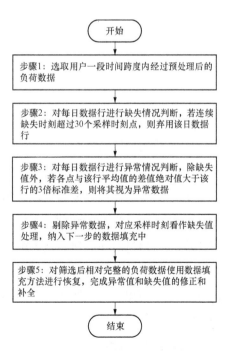

图 2 - 1　负荷数据清洗流程框图

少量连续几个负荷数据点呈现出连续性的变化规律。它主要采用若干个前后非缺失时负荷点，计算拉格朗日插值公式，得到对应多项式，并以多项式中缺失点位置对应的函数值作为该缺失数据的修复值。

然而，缺失时点负荷所处的位置不同，将会有不同的处理方式，主要有首末位缺失和中间缺失两种情况：①对于首末位数据缺失情况，将采取离首末位最近的若干个非缺失值进行多项式计算；②对于中间数据缺失情况，其前后负荷点的数据是已知的，可用该时刻前后若干个非缺失的负荷值均值来填补。

根据数学概念可知，对于平面上已知的 $n$ 个点可以建立一个 $n-1$ 次的多项式，使此多项式通过这 $n$ 个点，即

$$y = a_0 + a_1 x + a_2 x^2 + \cdots + a_{n-1} x^{n-1} \tag{2-7}$$

求已知的过 $n$ 个点的 $n-1$ 次多项式，将 $n$ 个点的坐标 $(x_1, y_1)$，$(x_2, y_2)$，$\cdots$，$(x_n, y_n)$ 代入多项式函数，得

$$\begin{aligned}
y_1 &= a_0 + a_1 x_1 + a_2 x_1^2 + \cdots + a_{n-1} x_1^{n-1} \\
y_2 &= a_0 + a_1 x_1 + a_2 x_2^2 + \cdots + a_{n-1} x_2^{n-1} \\
&\vdots \\
y_n &= a_0 + a_1 x_n + a_2 x_n^2 + \cdots + a_{n-1} x_n^{n-1}
\end{aligned} \tag{2-8}$$

然后解出拉格朗日插值多项式为

$$\begin{aligned}
L(x) = {} & y_1 \frac{(x-x_2)(x-x_3)\cdots(x-x_n)}{(x_1-x_2)(x_1-x_3)\cdots(x_1-x_n)} + \\
& y_2 \frac{(x-x_1)(x-x_3)\cdots(x-x_n)}{(x_2-x_1)(x_2-x_3)\cdots(x_2-x_n)} + \cdots + \\
& y_n \frac{(x-x_1)(x-x_2)\cdots(x-x_{n-1})}{(x_n-x_1)(x_n-x_2)\cdots(x_n-x_{n-1})}
\end{aligned} \tag{2-9}$$

最后，将缺失值对应的点 $x$ 代入插值多项式得到缺失值的近似值 $L(x)$。

### 2. 相似日均值替代法[17]

相似日均值替代法是利用数据行之间的相似性，对异常或缺失数据进行填充的方法。用户的用电行为往往以一天为周期，因此用电负荷呈现以天为周期的变化趋势，不同日的负荷曲线具有一定程度的相似性。负荷曲线的相似性主要从形状和大小两个维度来衡量，其中相似性可通过时间序列的欧氏距离的相似性情况来度量。

从历史日负荷中筛选出与待修复日形状和大小均相近的样本作为相似日，并计算出最相似的若干天历史负荷数据在各时点的均值，将其用于相应缺失时点的填补，可完成对于异常值及缺失值的修正和补全。

### 3. BP 神经网络法[18]

BP 神经网络算法是人工神经网络中的一种监督式的学习算法，BP 神经网络算法在理

论上可以逼近任意函数，基本的结构由非线性变化单元组成，具有很强的非线性映射能力。而且网络的中间层数、各层的处理单元数及网络的学习系数等参数可根据具体情况设定，灵活性很大。

数据恢复中使用 BP 神经网络算法时，可以利用负荷数据的时间相关性进行建模，基于用户的用电习惯，在连续数天中的同一时刻呈现出一定的时间性关系。以缺失点数天前的同一时刻的数据点作为输入，缺失点作为输出，训练神经网络。

**4. 低秩矩阵填充法[19]**

上述三种方法是传统的数据清洗方法，本书提出了一种创新方法，下面进行具体介绍。

低秩矩阵填充法基于目标数据的低秩特性，可以实现对目标数据集中缺失数据的填充恢复，目标数据的低秩程度越高，则恢复的效果越好。

若将用户负荷一天的数据作为矩阵的一行，用户 $m$ 天，每天 $n$ 个点组成的负荷数据矩阵为 $Z \in \boldsymbol{R}^{m \times n}$。由于用户的用电行为具有以天为单位的周期性，负荷数据矩阵各行具有一定的信息冗余，考虑低秩矩阵填充法是以缺失数据填充后的矩阵的秩尽可能低为目标的方法，负荷数据矩阵的填充恢复具备应用该方法的条件。

现假设有一个用户 $m$ 天，每天 $n$ 个点组成的负荷数据矩阵 $Z \in \boldsymbol{R}^{m \times n}$，该矩阵某些数据是缺失的，取下标集合 $\boldsymbol{\Omega}$ 为矩阵 $Z$ 中未丢失的数据点的下标集合，那么数据清洗的目标就是在保证原有数据不变的前提下，将缺失数据准确填充。其中"准确"二字的含义是指在数据矩阵低秩的假设前提下，矩阵存在信息冗余，说明矩阵的数据是在一个低维度的线性子空间中，那么可以利用这些冗余的信息将缺失的数据合理地填充。

若数据恢复结果为填充矩阵 $A$，则用数学语言描述该问题，即为

$$\begin{cases} \min & \operatorname{rank}(\boldsymbol{A}) \\ \text{s.t} & P_{\boldsymbol{\Omega}}(\boldsymbol{A}) = P_{\boldsymbol{\Omega}}(\boldsymbol{Z}) \end{cases} \tag{2-10}$$

式中：$P_{\boldsymbol{\Omega}}(\cdot)$ 为矩阵正交投影算子，其定义为

$$P_{\boldsymbol{\Omega}}(\boldsymbol{A}_{ij}) = \begin{cases} \boldsymbol{A}_{ij} & \text{if}(i,j) \in \boldsymbol{\Omega} \\ \boldsymbol{0} & \text{others} \end{cases} \tag{2-11}$$

式中，对于原始负荷矩阵 $Z$ 中的未丢失数据，填充矩阵 $A$ 中的对应数据要与之相等，即满足 $\boldsymbol{A}_{ij} = \boldsymbol{Z}_{ij}$，if $(i, j) \in \boldsymbol{\Omega}$。

低秩矩阵填充算法包含两方面要求：①对于未丢失数据，填充矩阵 $A$ 与数据集 $Z$ 是一致的；②通过填充缺失数据，使得 $A$ 的秩达到最低。

对于上述优化问题，由于目标函数 rank（$A$）是非凸的，因此低秩矩阵填充模型的优化问题是一个 NP 困难问题，难以直接用解析性优化算法求解。常规作法是对该目标函数进行凸化，而矩阵秩函数的凸包为矩阵的核范数，于是优化问题可凸化为以下问题

$$\begin{cases} \min & \| \boldsymbol{A} \|_* \\ \text{s.t.} & P_{\boldsymbol{\Omega}}(\boldsymbol{A}) = P_{\boldsymbol{\Omega}}(\boldsymbol{Z}) \end{cases} \tag{2-12}$$

式中：$\|A\|_*$ 为核范数，$\|A\|_* = \sum_{i=1}^{r}\sigma_i(A)$；$r$ 为矩阵 $A$ 的秩；$\sigma$ 为矩阵 $A$ 的奇异值。

对于优化问题，常用奇异值阈值收缩（Singular Value Thresholding，SVT）算法进行求解。该算法的核心思想为：先对矩阵 $A$ 进行奇异值分解，将小于设定阈值的奇异值收缩到 0，然后不断迭代直至矩阵 $A$ 不再变化。SVT 算法具体表述为，将优化问题转化为以下问题

$$\begin{cases} \min \quad \tau\|A\|_* + \dfrac{1}{2}\|A\|_F \\ \text{s. t.} \quad P_{\Omega}(A) = P_{\Omega}(Z) \end{cases} \tag{2-13}$$

式中：$\|A\|_F$ 表示矩阵的弗罗贝尼马斯（Frobenius）范数；$\tau$ 为阈值系数，可以看出，当 $\tau \to \infty$ 时，两优化问题等价。

运用拉格朗日优化乘子算法，将式（2-13）转化为拉格朗日函数形式

$$L(A,Y) = \tau\|A\|_* + \frac{1}{2}\|A\|_F + \langle Y, P_{\Omega}(A) - P_{\Omega}(Z)\rangle \tag{2-14}$$

根据强对偶性原理，最优解与其对偶形式一致，即

$$\sup_Y \inf_A L(A,Y) = L(A^*,Y^*) = \inf_A \sup_Y L(A,Y) \tag{2-15}$$

对偶拉格朗日函数的负梯度方向为

$$\frac{\partial L(A,Y)}{\partial Y} = -P_{\Omega}(A-Z) \tag{2-16}$$

运用梯度下降算法，可以得到以下迭代形式

$$\begin{cases} L(A^k,Y^{k-1}) = \min_A L(A,Y^{k-1}) \\ Y^k = Y^{k-1} - \delta P_{\Omega}(A^k - Z) \end{cases} \tag{2-17}$$

由于

$$\begin{aligned} &\underset{A}{\arg\min}\,\tau\|A\|_* + \frac{1}{2}\|A\|_F + \langle Y, P_{\Omega}(A-Z)\rangle \\ &= \underset{A}{\arg\min}\,\tau\|A\|_* + \frac{1}{2}\|A - P_{\Omega}(Y)\|_F^2 \end{aligned} \tag{2-18}$$

上述问题可运用软阈值优化算法求解，软阈值优化算法求解过程如下：

若对含有变量 $A$ 的优化问题进行软阈值优化，取 $A = D_{\tau}(Y)$ 为目标函数获得最优时的解，即

$$D_{\tau}(Y) = \underset{A}{\arg\min}\,\tau\|A\|_* + \frac{1}{2}\|A - Y\|_F^2 \tag{2-19}$$

$D_{\tau}(Y)$ 求解过程为：先对 $Y$ 进行奇异值分解，即 $Y = U\sum V^T$，$\sum = \mathrm{diag}\,(\{\sigma_i\}_{1\leqslant i \leqslant r})$，则

$$D_{\tau}(Y) = UD_{\tau}\sum V^T \tag{2-20}$$

$$D_\tau(\textstyle\sum) = \mathrm{diag}(\{\sigma_i - \tau\}_{+,\ 1\leqslant i\leqslant r}) = \begin{cases} \sigma_i - \tau & \text{if } \sigma_i > \tau \\ 0 & \text{if } -\tau < \sigma_i < \tau \\ \tau + \sigma_i & \text{if } \sigma_i < -\tau \end{cases} \quad (2\text{-}21)$$

所以最终转化为迭代形式

$$\begin{cases} \boldsymbol{A}^k = D_\tau(\boldsymbol{Y}^{k-1}) \\ \boldsymbol{Y}^k = \boldsymbol{Y}^{k-1} - \delta P_\Omega(\boldsymbol{A}^k - \boldsymbol{Z}) \end{cases} \quad (2\text{-}22)$$

SVT 算法初始输入 $\boldsymbol{Y}^0 = 0$，然后便是按照式（2-22）不断进行迭代，直至收敛，收敛条件为

$$\frac{P_\Omega(\boldsymbol{A}^k - \boldsymbol{Z})}{P_\Omega(\boldsymbol{Z})} \leqslant \varepsilon \quad (2\text{-}23)$$

### 5. 方法对比示例

为了验证算法的有效性，选取某标准负荷数据集进行数据丢失与恢复实验。该数据集包含某区域一整年的日负荷曲线，每条负荷曲线的数据间隔都是 15min，即一天包含 96 个数据点。

考虑真实情况下数据缺失符合以下三种情况：①发生数据丢失是小概率事件，即对于某一负荷曲线不会出现大规模数据丢失；②数据的丢失位置一般是随机的；③数据连续丢失的情况是较为常见的。

（1）数据丢失场景设置。算例设置以下四种数据丢失情景。

情景一：随机一条曲线随机缺失 1 个数据点。

情景二：随机一条曲线随机缺失 5 个数据点。

情景三：随机一条曲线随机缺失 10 个数据点。

情景四：随机一条曲线随机连续缺失 5 个数据点。

（2）数据填充方法选取。算例采用的方法包括：

方法一：低秩矩阵填充法。以含缺失数据的负荷曲线与历史负荷曲线共同构成低秩矩阵，然后运用低秩矩阵填充算法进行计算。

方法二：拉格朗日插值法。即利用缺失数据前后的数据点进行插值运算求得多项式，若是丢失数据位于首位或者末尾，则使用最近邻的数据点求取多项式，代入缺失点的采样时刻至多项式，该值即为缺失点的恢复结果。

方法三：近似日替代法。从历史数据中找出 4 条与数据缺失曲线欧式距离最近的曲线，以它们的均值结果作为缺失点的恢复结果。

方法四：BP 神经网络法。以缺失点前后共 6 天同一时刻的点作为输入，缺失点作为输出。

（3）误差评价方法。误差评价方法使用平均绝对值百分比误差（MAPE）[20]，如果是多点丢失，则采用平均绝对值百分比误差，定义为

$$\text{MAPE} = \frac{1}{n}\sum_{i=1}^{n}\left|\frac{P'_i - P_i}{P_i}\right| \times 100\%  \tag{2-24}$$

式中：$P'$ 为算法填充值；$P$ 为真实数据值；$n$ 为缺失点个数。

由式（2-24）可知，平均绝对值百分比误差（MAPE）越低，则数据恢复效果越好。

（4）方法效果对比。对四种不同数据缺失场景各进行 100 次实验，每次实验中随机选择缺失的数据曲线与丢失的数据点，然后运用上述四种方法进行数据恢复，并记录恢复效果。

恢复结果利用盒须图进行展示，可以显示 MAPE 数据序列的最大值、最小值、中位数、上下四分位数和异常值，便于分析数据的分布情况。

四种方法进行数据恢复的具体恢复结果如图 2-2 所示。

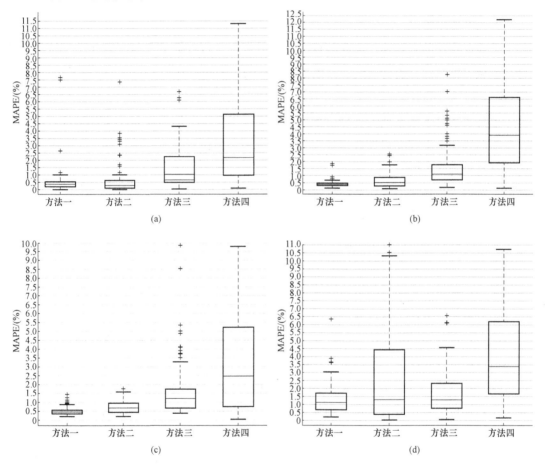

图 2-2　四种场景下盒须图分布

(a) 情景一；(b) 情景二；(c) 情景三；(d) 情景四

对于某种负荷数据清洗方法，MAPE 的最大值代表数据恢复效果的最劣水平，最小值代表数据恢复效果的最优水平，中位数代表数据恢复效果的正常水平。因此，通过比较 MAPE 的中位数可以表征算法整体恢复效果；通过比较最大值、最小值之差或上下四分位数之差可以表征算法的稳定性。各方法具体评价结果见表 2-2。

表 2-2                        不同算法恢复结果评价

| 指标 | 低秩矩阵填充法 | 拉格朗日插值法 | 近似日替代法 | BP 神经网络法 |
|---|---|---|---|---|
| 整体恢复效果 | 平均误差不超过 1%，在场景一比拉格朗日插值法差，但其他场景均优于拉格朗日插值法 | 平均误差不超过 1% | 平均误差在 1%~2% 之间 | 不理想，平均误差达 3% 左右，为四种方法中最差 |
| 算法稳定性 | 稳定性较高，误差波动小。最大误差在 1% 左右，场景四误差达 3% | 稳定性好，最大误差在 1.5% 左右。但在场景四下误差波动巨大，最大误差达 10% | 误差波动在 5% 左右 | 误差波动巨大，最大误差达 10%，为四种方法中最差 |

从实验结果可以看出，低秩矩阵填充法是基于负荷数据矩阵的低秩性的方法，该方法稳定性高的原因在于低秩性是一种针对整条负荷曲线而不是一两个数据点的特性，即误差是针对整条曲线而言的，曲线上所有点的恢复准确度应当是一致的。由此，在随机丢失 1、5、10 个数据点的场景中，虽然缺失数据点的位置与个数不断变化，但整体平均误差与误差波动都是相当稳定的。此外，由于负荷数据呈现出低秩的特性，从而保证了数据恢复的准确度。

拉格朗日插值法适用于数据曲线近似线性的变化趋势，由于负荷曲线大多较为平滑，剧烈波动较少，因而是较为适合的。但该方法的缺陷在于不同的数据点的变化趋势是不一致的，有些较为平滑，有些则更为陡峭，因此恢复误差因点而异，算法稳定性不佳，从场景一到场景三，插值算法的平均误差与最大误差都随着丢失点数目增加而变差。此外，近似多项式的变化趋势的假设只适合于近邻的数据点，对于数据连续缺失的情况，该前提则不再适用，这也是插值法在场景四中表现较差的原因。

近似日替代法是数据曲线在欧氏距离上的相近性，然而负荷数据曲线最显著的特征不是欧氏距离的相近性，而是线性相关特性，因此该方法在此次实验中的表现不如其他几种方法。

至于 BP 神经网络法，由于神经网络类算法训练得到的模型可解释性差，其表现不佳的原因可能为多种，如建模方式不合理、参数设置不恰当或 BP 神经网络本身不适用于这类问题，可考虑更换其他神经网络模型。

综上所述，可见低秩矩阵填充法是负荷数据最为理想的数据填充方法，将统一采用低秩矩阵填充法，配合完成海量负荷数据的清洗工作。

# 2.3 基于 GAN 的数据超分辨率重建方法

## 2.3.1 方法原理

### 1. 问题描述

为了抓住智能电网大数据的发展先机,近年来国内外大量配置智能电网试点,通过智能电能表收集电气数据,但是存在以下问题:

(1)采集频率低。目前智能用电信息采集系统数据采集频率为每 15min 采集一个点,1h 仅采集 4 次,而大部分国际通用的住宅用户用电数据集的采集频率为 30min 和 1h 级别,只有极少数达到了 1min 级别。一方面,低分辨率数据会对电力系统状态估计准确度产生影响;另一方面,在配电网侧,海量用户用电数据是大数据分析的基础,低分辨率数据在一定程度上阻碍了大数据技术的应用与发展。

(2)分辨率高、覆盖面广的数据集难以获取。数据集分辨率的高低和数据集覆盖面的大小是对立的。由于高分辨率采集设备成本高、大数据储存成本高,高分辨率数据集往往只涉及单个家庭、单个电气量等单一信息。同样地,覆盖面大的数据集(家庭数量大或者电气和非电气信息类型多),由于配置采集设备数量大、类型多,为了控制成本,一般采用低分辨率采集设备。

### 2. 解决方法

长期积累的低分辨率用电数据集仍有较大的被挖掘价值,还原数据集的高频细节信息能够提升原数据集的经济效益。低频用电数据的超分辨率重建有一定的理论价值和工程价值,尤其是在数据采集成本控制、数据还原、状态感知、态势评估等方面。

GAN 是古德菲勒(Goodfellow)于 2014 年提出的生成式对抗网络模型[21],是一种新型神经网络架构,由生成器和判别器两个神经网络构成。生成器试图生成与真实样本相似且判别器无法区分的生成样本,判别器则试图区分两种样本的差异。

基于生成式对抗网络的电力低频电气测量数据超分辨率重建方法,通过训练生成器生成超分辨率电气图像,再通过判别器从大量可能解中筛选出与实际情况差异最小的生成数据,从而解决高病态逆问题。

## 2.3.2 方法流程

超分辨率重建[22](Super - Resolution,SR)涉及数据从低维向高维转化,是一个具有大量可能解的高病态逆问题。鉴于图像领域在超分辨率重建问题上已经取得较大的进展,受其启发,将时序形式的电气测量数据转化为电气图像,包括将低频电气测量数据转化为低分辨率电气图像，将高频电气测量数据转化为高分辨率电气图像。将低分辨率电气图像重建为高分辨率电气图像的过程称为超分辨率重建。为了验证所提方法的效果，总体思路是：利用高频数据集进行下采样得到相应低频数据集，将数据集转化为电气图像，并通过重建得到超分辨率电气图像，最后通过比较超分辨率电气图像和高分辨率电气图像来证明所提方法的重建效果。基于 GAN 数据超分辨重建流程如图 2‑3 所示。

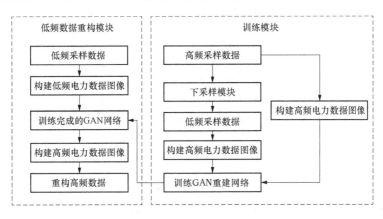

图 2‑3　基于 GAN 数据超分辨重建流程

### 1. 超分辨率重建框架

基于改进 GAN 的低频电气测量数据超分辨率重建框架如图 2‑4 所示。重建机制包括以下内容：首先，重建机制中引入 GAN，设计增强 GAN 训练稳定性的方法，设计生成器和判别器的结构，设计损失函数；然后，训练 GAN，并将训练好的生成器用于超分辨率重建；接着，将低频电气测量数据转化为低分辨率电气图像，并将低分辨率电气图像输入训练好的生成器，得到超分辨率电气图像；最后，将超分辨率电气图像转化为高频电气测量数据，即为完成重建。

### 2. 生成式对抗网络

设已有高分辨率电气图像集为 $x^{HR}$，对应的数据单元为 $x_j^{HR}$，这些数据单元之间存在某种复杂分布关系，设为 $p_H(x^{HR})$，该分布难以通过数学模型显式表达。设高分辨率电气图像集对应的低分辨率电气图像集为 $x^{LR}$，对应的数据单元为 $x_j^{LR}$，设 $x^{LR}$ 满足分布 $p_L(x^{LR})$。设超分辨率电气图像集为 $x^{SR}$，对应的数据单元为 $x_j^{SR}$，$x^{SR}$ 也可表示为 $G_{\theta_G}(x^{LR})$，其中 $\theta_G$ 为生成器的参数，设 $x^{SR}$ 满足分布 $p_S(x^{SR})$。由于生成器能够实现以假乱真，判别器不能百分之百地区分输入是否属于真实样本。因此，在判别器的输出中，判断输入的生成样本属于真实样本的概率为 $D_{\theta_D}[G_{\theta_G}(x^{LR})]$，判断输入的真实样本属于真实样本的概率为 $D_{\theta_D}(x^{HR})$，其中 $\theta_D$ 为判别器的参数。

GAN 的训练是一个优化 min‑max 零和博弈问题的过程，目标函数为

$$\min_{\theta_G}\max_{\theta_D}\sum_j^m \log[D_{\theta_D}(x_j^{HR})] + \sum_j^m \log\{1 - D_{\theta_D}[G_{\theta_G}(x_j^{LR})]\} \tag{2-25}$$

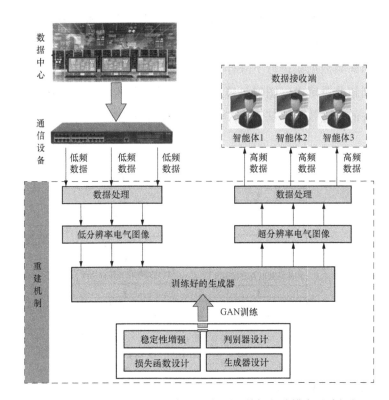

扫码

查看彩图　　　　图2-4　基于改进GAN的低频电气测量数据超分辨率重建框架

式（2-25）反映了生成器和判别器之间的对抗博弈，GAN试图缩小生成样本与真实样本之间的差异，而判别器则试图识别这种差异。当判别器无法判断这种差异时，博弈达到均衡。

### 2.3.3　应用举例

#### 1. 评估指标

电气图像是高度结构化的图像，相邻像素之间有很强的关联性[23]。结构相似性（Structural Similarity，SSIM）可以抵消 MSE 无法衡量图像结构相似性的缺陷。SSIM 的范围是 $[0,1]$，该值越大，表示输出超分辨率电气图像和高分辨率电气图像的内部结构关系越接近，即纹理和色调越接近。而电气图像的纹理和色调分别对应电气测量数据的变化趋势和数值大小。SSIM 的计算公式为

$$\text{SSIM}(x_j^{\text{HR}}, x_j^{\text{SR}}) = \frac{2\mu_{x_j^{\text{HR}}}\mu_{x_j^{\text{SR}}} + C_1}{\mu_{x_j^{\text{HR}}}^2 + \mu_{x_j^{\text{SR}}}^2 + C_1} \times \frac{2\sigma_{x_j^{\text{HR}}x_j^{\text{SR}}} + C_2}{\sigma_{x_j^{\text{HR}}}^2 + \sigma_{x_j^{\text{SR}}}^2 + C_2} \qquad (2-26)$$

式中：$\mu_{x_j^{\text{HR}}}$ 和 $\mu_{x_j^{\text{SR}}}$ 分别为 $x_j^{\text{HR}}$ 和 $x_j^{\text{SR}}$ 的平均值；$\sigma_{x_j^{\text{HR}}}$ 和 $\sigma_{x_j^{\text{SR}}}$ 分别为 $x_j^{\text{HR}}$ 和 $x_j^{\text{SR}}$ 的标准差；$\sigma_{x_j^{\text{HR}}x_j^{\text{SR}}}$ 为 $x_j^{\text{HR}}$ 和 $x_j^{\text{SR}}$ 的协方差；$C_1$ 和 $C_2$ 为常数，取为 $C_1 = (0.01 \times 255)^2$，$C_2 = (0.03 \times 255)^2$。

峰值信噪比（Peak Signal‐to‐Noise Ratio，PSNR）[24]是图像压缩和图像重建等领域中常见的用于衡量重建质量的测量指标之一。PSNR 常通过 MSE 进行定义，PSNR 越高则 MSE 越小，无论从电气图像还是电气测量数据的角度分析，都是失真越小，重建准确度越高。PSNR 的计算公式为

$$\text{PSNR}(x_j^{\text{HR}}, x_j^{\text{SR}}) = 10 \lg \frac{255^2}{\text{MSE}(x_j^{\text{HR}}, x_j^{\text{SR}})} \tag{2-27}$$

$$\text{MSE}(x_j^{\text{HR}}, x_j^{\text{SR}}) = \frac{1}{l^2} \sum_{w=1}^{l} \sum_{h=1}^{l} \left[ (x_j^{\text{HR}})_{w,h} - (x_j^{\text{SR}})_{w,h} \right]^2 \tag{2-28}$$

**2. 基于 I‐BLEND 标准数据集的测试验证算例**

为验证基于 GAN 的数据超分辨率重建方法在电气数据压缩重建工作中的有效性，利用发表在 *Nature Science* 上的 I‐BLEND 标准数据集展开相关算例的分析[25]。

以下首先比较了超分辨率重建方法和插值重建方法的性能。插值重建方法使用双三次插值（Bicubic Interpolation，BI）。

（1）视觉评估。超分辨率重建与插值重建的结果如图 2‐5 所示。其中，LR 表示低分辨率电气图像；HR 表示高分辨率电气图像；BI 表示插值重建的电气图像；SR 表示超分辨率电气图像。

低分辨率电气图像在视觉上比较模糊，这是因为重建倍数较高，数据量较少。高分辨率电气图像在视觉上具有丰富的高频细节和清晰的纹理，且总体颜色分布与低分辨率电气图像相似。插值重建的电气图像虽然像素增大了，但是在视觉上趋于平滑，重建效果相对保守，表明了插值重建方法不具备高频细节还原能力。超分辨率电气图像对低分辨率电气图像的高频细节还原度很高，其生成的纹理与高分辨率电气图像的纹理具有非常高的相似度。由此可见，针对某一个设备的电气测量数据，超分辨率重建方法能达到很好的重建效果。

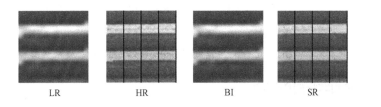

图 2‐5　超分辨率重建与插值重建的结果（电气图像形式）　　查看彩图

（2）客观评估。取测试集的高分辨率电气图像以及重建后的超分辨率电气图像作为计算对象，通过式（2‐26）、式（2‐27）分别计算其 SSIM 与 PSNR，并取平均值作为最终的评估指标，见表 2‐3。可知，超分辨率重建方法的 PSNR 比较高，表明该方法的重建结果失真比较小；超分辨率重建方法的 SSIM 在 0.9 附近，表明该方法能够有效地重建电气图像的纹理和色调，即能够学习到电气测量数据的结构关系，进而有效地还原高频细节。而

插值重建方法的 PSNR 和 SSIM 的数值都比较小，表明该方法无法有效挖掘电气测量数据的结构关系，高频细节还原能力不足，重建结果失真严重。

表 2-3                    不同重建方法的重建准确度评估

| 重建方法 | 指标 | 指标大小 |
|:---:|:---:|:---:|
| SR | 峰值信噪比（PSNR）/dB | 25.85 |
| | 结构相似性（SSIM） | 0.97 |
| BI | 峰值信噪比（PSNR）/dB | 13.72 |
| | 结构相似性（SSIM） | 0.48 |

（3）时序数据变化趋势。将测试集的电气图像还原为时序形式的电气测量数据，超分辨率重建的结果如图 2-6 所示。超分辨率重建方法得到的重建曲线与真实曲线相比，除了个别区间的峰值或谷值较低外，两条曲线的变化趋势基本相同，整体重建效果良好。因此，超分辨率重建方法能够很好地帮助低频电气数据转化为高频电气数据。

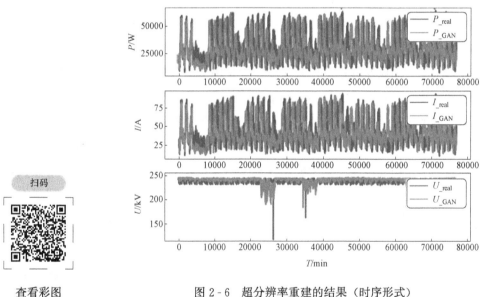

扫码

查看彩图                            图 2-6  超分辨率重建的结果（时序形式）

### 3. 基于某市真实计量数据的实际应用算例

在标准数据集 I-BLEND 中的算例分析，验证了所提的超分辨率重建方法在电气测量数据压缩重建工作中的有效性。为进一步测试该方法在电网真实计量数据上的表现，配合实际工作的可用性，以下选用了某市部分真实计量数据进行实际应用的算例分析。其中，选取了制造业、有色金属冶炼业等多个行业的不同用户的负荷数据展开验证，测量数据来源见表 2-4。

| 表 2 - 4 | | 某市测量数据来源 | |
| --- | --- | --- | --- |
| 用户编号 | 用户来源 | 用户编号 | 用户来源 |
| 用户 1 | 制造业 | 用户 4 | 有色金属行业 |
| 用户 2 | 建筑业 | 用户 5 | 电子业 |
| 用户 3 | 电子业 | 用户 6 | 制造业 |

（1）视觉评估。根据实际测量数据，构建基于真实数据的高分辨率电气图像（如图 2-7 中的 HR 图像所示），并以 1/2 的采样率对测量数据进行下采样操作，形成真实数据的低分辨率电气图像（如图 2-7 中的 LR 图像所示）。同时，分别采用插值方法与所提的 GAN 方法对 LR 进行超分辨率重建，得到图 2-7 中的 BI 与 SR 图像。可见，与 2 中的算例结果一致，基于真实数据的低分辨率电气图像在视觉上更加模糊，而经过插值重建后的 BI 图像效果过于保守，难以完整反映 HR 图像所含细节信息。而经由 GAN 重建的 SR 图像与原有 HR 图像整体细节一致，恢复效果良好，表明所提的基于 GAN 的数据超分辨率重建方法在真实数据中亦能达到良好的重建效果，具有工程意义。

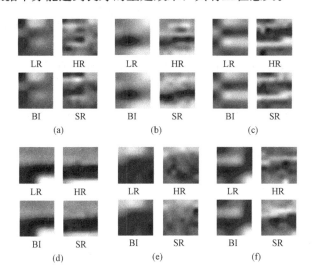

图 2-7　某市负荷数据超分辨率重建的结果（电气图像形式）

（a）用户 1；（b）用户 2；（c）用户 3；（d）用户 4；（e）用户 5；（f）用户 6

扫码

查看彩图

（2）客观评估。为定量评估基于 GAN 的数据超分辨重建方法的有效性，取其中的 BI、SR 与原高分辨率图像 HR 进行 PSNR、SSIM 两个指标的计算，结果见表 2-5。可见 SR 图像的 PSNR 能维持在 $16 \sim 20 \mathrm{dB}$ 的水平，而 SSIM 则普遍保持在 0.83 以上，虽与 I-BLEND 的计算结果有所差距，但整体重建效果令人满意。显然，相较于插值方法所得 BI 图像，SR 图像在两个指标上都取得了更优秀的效果，这说明在实际测量数据中，基于 GAN 的重建方法同样是显著优于插值方法。

表 2-5　　　　　　　　　　　　某市电力图像重建精度评估

| 用户名称 | BI | | SR | |
| --- | --- | --- | --- | --- |
| | PSNR/dB | SSIM | PSNR/dB | SSIM |
| 用户 1 | 14.148 7 | 0.462 1 | 16.258 6 | 0.495 9 |
| 用户 2 | 13.406 8 | 0.601 82 | 17.854 6 | 0.803 009 |
| 用户 3 | 12.243 8 | 0.556 6 | 18.350 2 | 0.843 8 |
| 用户 4 | 13.037 6 | 0.714 88 | 20.850 6 | 0.863 854 |
| 用户 5 | 15.612 7 | 0.741 2 | 20.182 8 | 0.830 7 |
| 用户 6 | 14.227 1 | 0.656 4 | 18.947 | 0.840 7 |

（3）时序数据变化趋势。将基于真实数据的电气图像还原为时序形式的电气测量数据进行展示，如图 2-8 所示，其中蓝色与黄色曲线分别代表真实数据与重建后数据。对比两

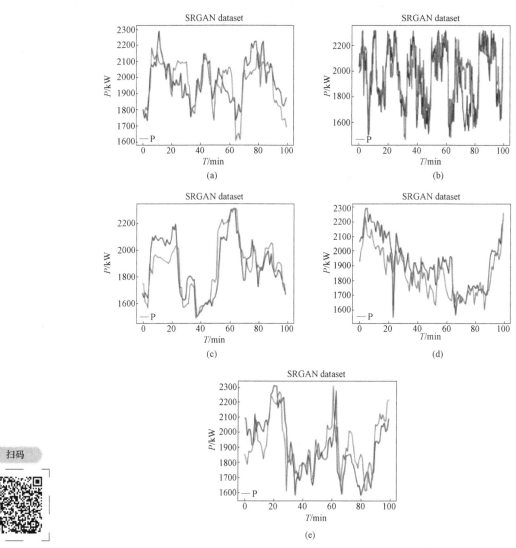

扫码

查看彩图

图 2-8　负荷数据超分辨率重建的结果（时序形式）
（a）用户 1；（b）用户 2；（c）用户 3；（d）用户 4；（e）用户 5；（f）用户 6

条曲线，除了个别区间的峰值或谷值有所偏差外，复原曲线基本能准确表征原始真实数据曲线的变化趋势，整体重建效果良好。

综上所述，所提超分辨率重建方法在真实测量数据上同样可取得良好的表现，将低频电气数据转化为高频电气数据，表明该方法能有效应用于电网实际的生产工作中。

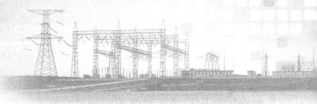

# 3　多维度负荷特性分析方法

在完成了数据的获取、质量分析和预处理后，为了从海量真实电网数据中挖掘能够服务于电网规划工作的负荷特性，需要对单一用户负荷分析方法展开研究。一方面，梳理并对比了多种分析方法，从中选取最优方法，保证了分析过程的准确和可靠；另一方面，从多个维度进行负荷特征的挖掘，使得分析结果更加完善和全面。对收集得到数据中的行业信息标识进行梳理，并与 GB/T 4754—2017《国民经济行业分类》中的分类规范进行一一对应，实现对各单一用户负荷进行行业上的归类。在完成单一用户负荷分析和行业归类的基础上，进一步对细分行业下的负荷分析方法展开研究，采用聚类算法将细分行业负荷分为多种用电类型，并对各个用电类型的负荷特征进行分析。

## 3.1　单一用户负荷特性分析方法

电力用户是电力系统的重要组成部分，深入挖掘电力用户负荷数据的内在规律，对电力系统规划、运行等具有重要意义，因此负荷特性分析受到广泛的关注。单一用户负荷特性的分析是构建负荷特性库的基础。

单一负荷特性分析可分为负荷曲线分析和负荷特征分析两部分。

（1）负荷曲线分析是根据单一用户负荷的变化趋势对负荷特性进行描述，重点研究了单一用户的典型日负荷曲线提取方法。在数据充足的情况下，可使用该方法对用户的负荷月、年曲线进行提取分析。

（2）负荷特征分析是对单一用户负荷进行多个维度的分析，分别从常规指标、电力用户业扩报装相关指标、频域特性指标及负荷建模等角度对负荷特性进行挖掘。

### 3.1.1　单一用户负荷曲线分析方法

在进行电力系统负荷特性研究时，其中很重要的一项研究就是典型日负荷曲线的获取。在一定的时间范围内，选取有代表性的典型日开展分析研究工作，可以在一定程度上体现该时间范围内的负荷特性。

#### 1. 传统典型日负荷曲线分析方法

目前，常用的典型日负荷曲线提取方法包括最大负荷日选取法、日负荷率均值选取法及指标均值选取法。

（1）最大负荷日选取法。对于一个用户负荷，选取该用户一段时间范围内出现的最大负荷的日负荷曲线作为典型日负荷曲线；虽然该方法具有一定的随机性，但该典型日负荷曲线能够体现用户的最高用电水平，在规划领域具有较为实用的意义。

（2）日负荷率均值选取法。选取日负荷率与某个时段平均日负荷率最接近，且负荷曲线无异常畸变的日负荷曲线作为该时段的典型日负荷曲线。虽然可以找出日负荷率与当月负荷率最为相近的 1 日，但其仅从曲线的整体上进行描述，并未对曲线的局部特征进行分析，因此不能说明此日负荷曲线的形状可以代表该时段的综合负荷特性。

（3）指标均值选取法。指标均值选取法为日负荷率均值选取法改进后得到的方法。首先选择某用户一定周期 $T$ 内的日负荷数据，记日负荷率为 $x_1$、日峰谷差率为 $x_2$、峰期日负荷率为 $x_3$、平期日负荷率为 $x_4$、谷期日负荷率为 $x_5$，记原始用户第 $i$ 天的日负荷特性指标为 $\boldsymbol{X}_i = (x_{i1}, x_{i2}, x_{i3}, x_{i4}, x_{i5})$，则计算该用户 $T$ 个样本的日负荷特性指标均值公式为

$$\overline{\boldsymbol{X}} = \frac{1}{T} \sum_{i=1}^{T} \boldsymbol{X}_i \tag{3-1}$$

分别计算该时段内第 $i$ 天的日负荷特性指标向量 $\boldsymbol{X}_i$ 与日负荷特性指标均值向量 $\overline{\boldsymbol{X}} = (\overline{x}_1, \overline{x}_2, \overline{x}_3, \overline{x}_4, \overline{x}_5)$ 的欧氏距离，公式为

$$d_i = \sqrt{\sum_{k=1}^{5} |\overline{x}_k - x_{ik}|^2} \qquad (i = 1, 2, \cdots, T) \tag{3-2}$$

选择欧氏距离最小的日负荷曲线作为该时段的典型日负荷曲线。

**2. 符号聚合近似方法[26]**

（1）方法原理。

1）负荷数据降维。采用分段聚合近似（Piecewise Aggregate Approximation，PAA）方法对预处理后的负荷数据进行降维，该方法能够有效反映原始序列的整体趋势特征，算法效率高。

PAA 方法是一种时间序列的特征表示方法，先将时间序列分为等长的分段子序列，然后用每段子序列的均值来代替本段序列的数据，重构原始时间序列，从而达到数据降维的目的。

原始日负荷数据为 $X = \{x_1, \cdots, x_n\}$，对日负荷数据进行 PAA 降维，得到 PAA 表示的日负荷数据为 $\overline{X} = \{\overline{x}_1, \cdots, \overline{x}_w\}$。

$$\overline{x}_i = \frac{w}{n} \sum_{j=\frac{n}{w}(i+1)+1}^{\frac{n}{w}i} x_j \tag{3-3}$$

式中：$x_j$ 为第 $j$ 个时刻的用电负荷；$w$ 为负荷曲线 PAA 表示的分段数，通常分段数 $w$ 小于原始负荷采样点数 $n$；$\overline{x}_i$ 为该段所包含数据的值。

2）负荷数据重表达。负荷数据的重表达就是利用符号聚合近似（Symbolic Aggregate

appro Ximation，SAX)[27]方法对 PAA 降维后的数据进行符号化的赋值，即用一串字符串来表示用户负荷数据序列。通过对负荷数据的重表达，能够有效地辨识出该用户的异常日负荷曲线形态，从而将其剔除。

　　SAX 表示方法是一种基于 PAA 降维的时间序列符号化表示方法，对于 PAA 降维后的负荷曲线，根据每段子序列的均值对每段进行符号化赋值，符号表的个数决定了 SAX 方法表示后的元素粒度。依据选定大小的字母集 $\alpha$，利用高斯分布表来查找区间分裂点 $\beta_i$，从而将 PAA 映射转换为相应字符，最终得到离散化目标字符串 $\hat{X} = \{\hat{x}_1, \cdots, \hat{x}_w\}$。

　　图 3-1 为某用户某一天负荷曲线数据重表达的示意图。选择负荷曲线 PAA 降维的分段数 $w=4$，选择 SAX 表示方法的字母集大小 $\alpha=3$，即字母集为 $\{a，b，c\}$。由图 3-1 可知，该用户当天的负荷曲线数据的符号化表示序列为"acca"。

查看彩图

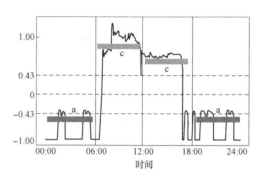

图 3-1　用户某一天负荷曲线数据重表达的示意图

　　3）提取用户的典型负荷曲线形态。基于 PAA 方法对用户一定时期内的所有负荷数据进行降维，再利用 SAX 方法对低维的用户负荷数据进行重表达，获得该用户一定时期内所有负荷数据的符号化表示序列，从而可以辨别出该用户的异常日负荷曲线形态，提取该用户的典型负荷曲线形态。

　　假设用户负荷数据重表达后，出现最多的符号化表示序列的个数为 $r$ 个，则认为该符号化表示序列所对应的负荷数据是该用户最频繁的负荷曲线形态。记用户典型负荷曲线数据为 $\tilde{X} = \{\tilde{x}_1, \cdots, \tilde{x}_n\}$，$\tilde{X}$ 中的元素 $\tilde{x}_i$ 为

$$\tilde{x}_i = \frac{1}{r} \sum_{k=1}^{r} x'_{ki} \quad (i=1,\cdots,n) \tag{3-4}$$

　　以某用户 14 天的负荷数据为例，提取该用户的典型负荷曲线。同样地，这里选择负荷曲线 PAA 降维的分段数 $w=4$，选择 SAX 表示方法的字母集大小 $\alpha=3$。采用后缀树图的形式将该用户 14 天的负荷数据转化为符号化表示序列的过程如图 3-2 所示，图中方块的长度表示该字符串对应的负荷曲线的天数。由图 3-2 可知，字符串"acca"是该用户这段时间最常见的负荷曲线形态，由式（3-4）可以提取该用户这段时间的典型负荷曲线。

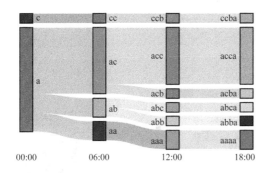

扫码

查看彩图

图 3-2　某用户 14 天的负荷数据转化为符号化表示序列的过程

（2）方法流程。基于符号聚合近似法的典型日负荷曲线提取流程如图 3-3 所示。

选取示例用户 2018 年完成清洗后的负荷数据，根据图 3-3 所示流程，对该用户提取典型日负荷曲线，具体过程如下。

步骤 1：选择该用户一年内所有的日负荷数据，完成数据预处理。

步骤 2：采用 PAA 方法对日负荷曲线进行降维，再用 SAX 方法对每条负荷曲线进行转化，使用符号化表示序列对该用户的所有日负荷曲线进行重表达。这里选择 PAA 分段数 $w=4$，SAX 参数字母集 $\alpha=3$。该用户所有日负荷曲线的符号化表示序列的结果见表 3-1。

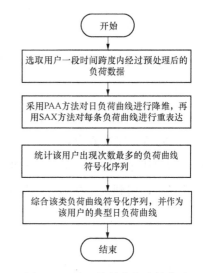

图 3-3　基于符号聚合法的典型日负荷曲线提取流程图

表 3-1　　　　　　　　　　用户负荷曲线的符号化表示序列结果

| SAX 字符 | 个数 | SAX 字符 | 个数 |
|---|---|---|---|
| abcc | 181 | bbcc | 3 |
| abcb | 88 | aaaa | 2 |
| abbb | 66 | aabb | 2 |
| accc | 12 | abca | 1 |
| bccc | 9 | aacb | 1 |

步骤 3：统计得到该用户出现次数最多的负荷曲线符号化序列为"abcc"，则属于"abcc"序列的日负荷曲线是该用户在该段时间内最具代表性的日负荷曲线。

步骤 4：由式（3-4）提取该类符号化序列下的日负荷曲线，剔除该用户的异常负荷曲线的影响，并将该负荷曲线作为该用户的典型日负荷曲线。该负荷曲线如图 3-4 所示。

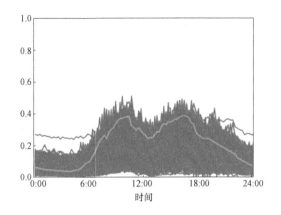

扫码

查看彩图

图 3-4　基于符号聚合近似法提取的典型日负荷曲线

### 3. 非参数核密度估计法[28]

（1）方法原理。

1）计算日负荷特性指标向量。首先选择某用户一定周期 $T$ 内的日负荷数据，记原始用户第 $i$ 天的负荷曲线值为 $\boldsymbol{L}_i = [l_{i1}, l_{i1}, \cdots, l_{in}]$，$n$ 为一天内负荷测量设备的采样数目。从日负荷曲线中提取日负荷率、日峰谷差率、峰期负荷率、平期负荷率和谷期负荷率等负荷特性指标，得到每个样本日的日负荷特性指标向量 $\boldsymbol{Y}_i = [x_{i1}, x_{i2}, x_{i3}, x_{i4}, x_{i5}]$，$i=1$, 2, 3, $\cdots$, $T$。

2）概率密度拟合。令第 $j$ 个特性指标 $x_j$ 的 $T$ 个样本为 $x_{1j}$, $x_{2j}$, $x_{3j}$, $\cdots$, $x_{Tj}$，则基于非参数核密度理论可得负荷特性指标 $x_j$ 的概率密度函数 $f_k(x_j)$ 为

$$f_k(x_j) = \frac{1}{Th} \sum_{i=1}^{T} K\left(\frac{x_j - x_{ij}}{h}\right) \tag{3-5}$$

式中：$h$ 为带宽；$T$ 为样本数；$x_{ij}$ 为第 $j$ 个特性指标的第 $i$ 个样本值；$K$ 为核函数。

为保证被估计概率密度函数的连续性，核函数通常为关于 $y$ 轴对称的单峰平滑概率密度函数，其需满足下式特性

$$\begin{cases} \int K(x)\mathrm{d}x = 1 \\ \int xK(x)\mathrm{d}x = 0 \\ \int x^2 K(x)\mathrm{d}x = c > 0 \end{cases} \tag{3-6}$$

式中：$c$ 为大于 0 的常数。

最常用的核函数有 Epanechikov 函数和 Gaussian 函数，选择 Gaussian 核函数，即

$$K(x) = \frac{1}{\sqrt{2\pi}} \mathrm{e}^{-\frac{x^2}{2}} \tag{3-7}$$

采用非参数核密度估计方法对从样本日负荷曲线中提取出的负荷特性指标进行概率密

度拟合，进而确定最典型的日负荷指标向量 $\boldsymbol{Y}_c = [x_{c1}, x_{c2}, x_{c3}, x_{c4}, x_{c5}]$。非参数核密度估计方法无需任何先验知识，完全从数据样本出发研究数据分布特征，利用该方法对负荷指标的提取结果进行参数拟合。

通过概率密度拟合，即可得到典型日负荷特性指标向量 $\boldsymbol{Y}_c$。

3）设置权重。计算 $\boldsymbol{Y}_i$ 与 $\boldsymbol{Y}_c$ 的欧氏距离 $d_i$，以此来确定样本 $i$ 的负荷曲线权重 $w_i$（$i=$ 1，2，…，$T$）。欧氏距离越大，曲线所占权重越小，定义计算公式为

$$d_i = \sqrt{\sum_{k=1}^{5} |x_{ck} - x_{ik}|^2} \quad (i=1,2,\cdots,T) \tag{3-8}$$

$$w_i = \frac{(1/d_i)^\lambda}{\sum_{i}^{T} (1/d_i)^\lambda} \quad (\lambda \in [0,1]) \tag{3-9}$$

式中：$\lambda$ 为区间 $[0,1]$ 内的可调参数，用于调整 $d_i$ 对 $w_i$ 的影响程度。特别地，当 $\lambda=0$ 时，利用加权计算出的典型日负荷曲线即为对所有样本日负荷曲线求取算术平均所得的平均负荷曲线。一般取 $\lambda=0.5$ 计算典型日负荷曲线。

对样本日的日负荷曲线进行加权叠加，最终得到所需的典型日负荷曲线。设样本日 $i$ 的日负荷数据为 $X_i = (a_{i1}, a_{i2}, \cdots, a_{in})$，则典型日 $c$ 负荷数据为 $L_c = [l_{c1}, l_{c1}, \cdots, l_{cn}]$，计算公式为

$$l_{ct} = \sum_{i=1}^{T} w_i l_{it} \quad (t=1,2,\cdots,n) \tag{3-10}$$

（2）方法流程。基于非参数核密度估计法的典型日负荷曲线提取流程如图 3-5 所示。

选取示例用户 2018 年完成清洗后的负荷数据，根据非参数核密度估计法流程，对该用户提取典型日负荷曲线，具体过程如下。

步骤 1：选择该用户一年内所有的日负荷数据，提取每条日负荷曲线的日负荷率、日峰谷差率、峰期负荷率、谷期负荷率以及平期负荷率指标，构成向量 $\boldsymbol{Y}_i$（$i=1$，2，3，…，$T$）。

步骤 2：采用 Gaussian 核函数对负荷特性指标进行概率密度拟合，设置各负荷特性指标的拟合带宽均为 $h=$ 0.01，拟合结果如图 3-6 所示。

从图 3-6 中可以看出，非参数核密度估计拟合具有较好的拟合效果。求取各负荷特性指标拟合得到的概率密度函数峰值，获得该用户的典型日负荷指标向量 $\boldsymbol{Y}_c =$ [0.545，0.874，1.417，0.396，1.237]。

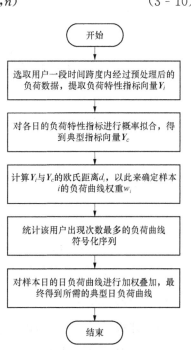

图 3-5　基于非参数核密度估计法的典型日负荷曲线提取流程图

步骤 3：计算 $Y_i$ 与 $Y_c$ 的欧氏距离 $d_i$，以此来确定样本 $i$ 的负荷曲线权重 $w_i$（$i=1$，2，…，$T$）。

步骤 4：对各样本日的日负荷曲线进行加权叠加，最终该用户的典型日负荷曲线如图 3-7 所示。

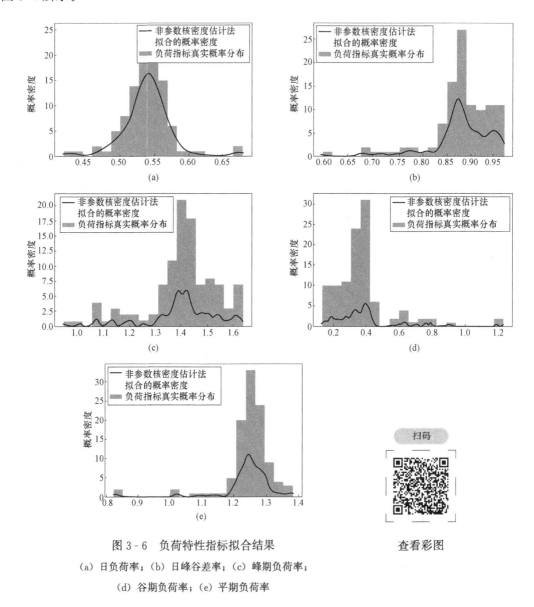

图 3-6　负荷特性指标拟合结果

（a）日负荷率；（b）日峰谷差率；（c）峰期负荷率；

（d）谷期负荷率；（e）平期负荷率

查看彩图

## 4. 方法对比分析

（1）评级指标。为了验证上述单一用户日负荷曲线提取算法的有效性，选定使用关联度计算方法对提取效果进行量化分析，并最终选取不同数量样本集的负荷数据集进行典型日负荷曲线提取实验。样本集中的每条负荷曲线的数据间隔都是 15min，将一天分为 96 个时点进行分析。

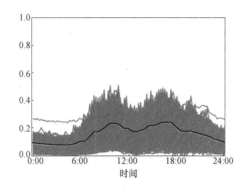

扫码

图 3-7 基于非参数核密度法提取的典型日负荷曲线　　　查看彩图

关联度计算方法的基本思想是根据曲线间的相似程度来判断关联程度[29]。实质上是几种曲线间几何形状的分析比较，即认为几何形状越接近，则发展变化态势越接近，关联程度越大。此方法可以用来比较几种预测模型对应的几条预测曲线与一条实际曲线的拟合程度，关联度越大，则说明对应的预测模型越优，拟合误差也就越小。如果指定参考数列为 $x_0$，被比较数列（又称预测数列或因素数列）为 $x_i$（其中 $i=1,2,\cdots,m$），且

$$x_0 = \{x_0(1), x_0(2), \cdots, x_0(n)\}$$
$$x_i = \{x_i(1), x_i(2), \cdots, x_i(n)\} \tag{3-11}$$
$$(i = 1, 2, \cdots, m)$$

则其关联度的计算方法如下

$$\xi_i(k) = \frac{\min\limits_{i}\min\limits_{k}|x_0(k)-x_i(k)| + \rho\max\limits_{i}\max\limits_{k}|x_0(k)-x_i(k)|}{|x_0(k)-x_i(k)| + \rho\max\limits_{i}\max\limits_{k}|x_0(k)-x_i(k)|} \tag{3-12}$$

式中：$\xi_i(k)$ 为曲线 $x_0$ 与 $x_i$ 在第 $k$ 点的关联系数。$|x_0(k)-x_i(k)| = \Delta_i(k)$ 称为第 $k$ 点 $x_0$ 与 $x_i$ 的绝对差。$\min\limits_{i}\min\limits_{k}|x_0(k)-x_i(k)|$ 称为两级最小差，其中 $\min\limits_{k}|x_0(k)-x_i(k)|$ 是第一级最小差，表示在第 $x_i$ 曲线上，找各点与 $x_0$ 的最小差；$\min\limits_{i}\min\limits_{k}|x_0(k)-x_i(k)|$ 是第二级最小差，表示在各条曲线中找出的最小差基层上，再按 $i=1,2,\cdots,m$ 找出所有曲线 $x_i$ 中的最小差；$\max\limits_{i}\max\limits_{k}|x_0(k)-x_i(k)|$ 是两级最大差，其意义与最小差相似；$\rho$ 为分辨系数，是 $0\sim1$ 范围的数，一般 $\rho=0.5$。

综合各点的关联系数，可得出整个 $x_i$ 曲线与参考曲线 $x_0$ 的关联度 $r_i$ 为

$$r_i = \frac{1}{n}\sum_{k=1}^{n}\xi_i(k) \tag{3-13}$$

关联度 $r_i$ 越大，则说明对应的样本日负荷曲线与典型日负荷曲线的相似度越大，而所用典型日负荷曲线提取方法的效果也就越优。

（2）方法效果对比。具体的算例中，考虑到用户样本集数量往往对不同提取方法最后的效果有着显著影响，选定以下四个情景进行分析。

情景一：提取对象为 21 条日负荷曲线。

情景二：提取对象为 40 条日负荷曲线。

情景三：提取对象为 64 条日负荷曲线。

情景四：提取对象为 106 条日负荷曲线。

采用的方法具体如下：

方法一：指标均值选取法。提取出日负荷指标平均值构建平均日负荷特性指标向量，并计算各个样本向量到平均向量的欧氏距离，将距离最小的样本作为最终的典型曲线输出。

方法二：符号聚合近似法。将样本日负荷曲线分为等长的分段，然后用每段的平均值来代替本段的数据，从而达到降维的目的，并将经过 SAX 方法降维后的符号进行序列排序，取前 $m$ 项为频繁负荷序列，由此计算得到典型负荷曲线。

方法三：最大负荷日提取法。选定样本中最大负荷所在的一天的负荷曲线作为典型进行输出。

方法四：非参数核密度估计法。根据概率密度函数的计算结果，对各个曲线的权重进行赋值，并将各个曲线进行加权求和，得到最终的结果。

在不同情景下，利用不同方法展开实验，计算各个情形下的关联度结果，并将其记录下来，利用盒须图展示，如图 3-8 所示。

盒须图可以显示数据序列的最大值、最小值、中位数、上下四分位数和异常值，便于分析数据的分布情况。通过比较上下四分位数和中位数可以得出提取算法的整体提取效果，而异常值也可为算法整体效果提供一个辅助判据。此外，根据表 3-2 不同情景下的关联度的平均值进行计算，可以得到不同提取算法结果有效性指标，见表 3-3。

表 3-2 　　　　　　　　　不同情景下不同提取算法关联度平均值

| 情景 | 指标均值选取法 | 符号聚合近似法 | 最大负荷日提取法 | 非参数核密度法 |
|---|---|---|---|---|
| 情景一 | 0.875 9 | 0.872 1 | 0.871 6 | 0.885 7 |
| 情景二 | 0.858 4 | 0.852 8 | 0.849 6 | 0.869 5 |
| 情景三 | 0.844 7 | 0.846 1 | 0.829 6 | 0.852 9 |
| 情景四 | 0.864 3 | 0.857 3 | 0.834 1 | 0.872 0 |

表 3-3 　　　　　　　　　不同情景下不同提取算法结果有效性评价

| 方法 | 指标均值选取法 | 符号聚合近似法 | 最大负荷日提取法 | 非参数核密度估计法 |
|---|---|---|---|---|
| 整体提取效果 | 平均关联度大致保持在 0.85 上下，提取效果较好 | 平均关联度大致保持在 0.85 上下，提取效果较好 | 平均关联度大致保持在 0.85 上下，提取效果较好，但在情景三与情景四下显著低于其他方法 | 关联度的平均数、中位数以及上下四分位值都保持在最高水平，整体提取效果最优 |
| 异常值数量 | 较少 | 较少 | 较多，其波动大，情景三下存在大量异常值 | 适中 |

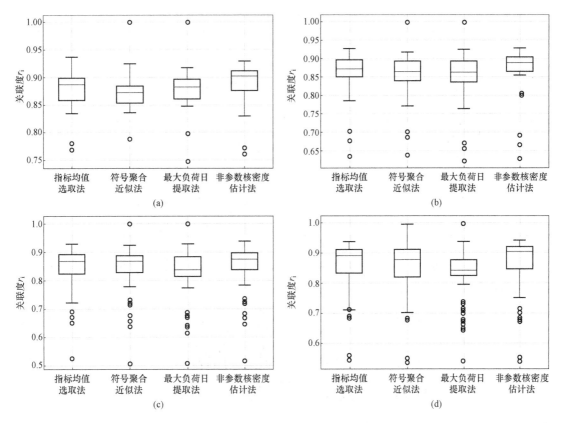

图 3-8　四种场景下盒须图分布

（a）情景一；（b）情景二；（c）情景三；（d）情景四

从实验结果可以看出，符号聚合近似法与非参数核密度估计法整体的表现更为出色。特别地，非参数核密度估计法在不同的情景下典型曲线的提取效果都能保持在一个比较高的水平，验证了非参数核密度估计法本身的有效性以及相比于其他传统提取方法的优越性。

因此，主要采用非参数核密度估计法提取用户的典型日负荷曲线。

## 3.1.2　单一用户负荷特征分析方法

为充分挖掘单一用户负荷数据中的有效信息，深入分析用户用电行为，支撑开展配电网工作中的用户个性化服务及差异化服务，考虑从多个维度进行负荷特征的分析，以此为基础构建多维度负荷特性库。单一用户负荷特征分析从四个维度展开。

### 1. 常规负荷特性指标提取

常规负荷特性指标是对负荷特性最直观的一种体现，反映了单一用户负荷在日、月、年等不同时间跨度下的特征和变化趋势。

常规日负荷特性指标及其定义见表 3-4。

| 表3-4 | 常规日负荷特性指标及其定义 |
|---|---|
| 负荷特性指标 | 指标定义 |
| 日负荷曲线 | 该种典型日的24（96）点负荷曲线 |
| 日最大负荷 | 典型日96个点整点负荷中的最大值 |
| 日最小负荷 | 典型日96个点整点负荷中的最小值 |
| 日平均负荷 | 典型日电量除以24 |
| 日负荷率 | 典型日平均负荷与典型日最大负荷比值 |
| 日最小负荷率 | 典型日最小负荷与典型日最大负荷比值 |
| 日峰谷差 | 典型日最大负荷与典型日最小负荷之差 |
| 日峰谷差率 | 典型日峰谷差与典型日最大负荷的比值 |

其中，针对不同的报告期限（全年、夏季、冬季），可以计算不同报告期限的日负荷率、日最小负荷率和日峰谷差率，计算公式为

$$报告期日负荷率 = \frac{报告期平均负荷}{报告期内最大负荷} \times 100\% \tag{3-14}$$

$$报告期最小负荷率 = \frac{报告期内最小负荷}{报告期内最大负荷} \times 100\% \tag{3-15}$$

$$报告期日峰谷差率 = \frac{报告期日峰谷差}{报告期内最大负荷} \times 100\% \tag{3-16}$$

常规月负荷特性指标及其定义见表3-5。

| 表3-5 | 常规月负荷特性指标及其定义 |
|---|---|
| 负荷特性指标 | 指标定义 |
| 月最大负荷 | 每月最大负荷日的最大负荷 |
| 月最小负荷 | 每月最小负荷日的最小负荷 |
| 月平均日负荷 | 每月日平均负荷的平均值 |
| 月平均日负荷率 | 每月日负荷率的平均值 |
| 月最小负荷率 | 每月日最小负荷率的最小值 |
| 月最大峰谷差 | 每月日峰谷差的最大值 |
| 月平均日峰谷差率 | 每月日峰谷差率的平均值 |

其中，针对不同的报告期限（不同月份），可以计算不同报告期限的月平均日负荷率、月最小负荷率和月平均日峰谷差率，计算公式为

$$报告期月平均日负荷率 = \frac{\sum 报告期日负荷率}{报告期天数} \tag{3-17}$$

$$报告期月最小负荷率 = \min(报告期月各日负荷率) \tag{3-18}$$

$$报告期月平均日峰谷差率 = \frac{\sum 报告期日峰谷差率}{报告期天数} \tag{3-19}$$

常规年负荷特性指标及其定义见表 3-6。

**表 3-6**　　　　　　　　　　**常规年负荷特性指标及其定义**

| 负荷特性指标 | 指标定义 |
|---|---|
| 年最大负荷 | 全年各月最大负荷的最大值 |
| 年最小负荷 | 全年各月最小负荷的最小值 |
| 年最小负荷率 | 全年日最小负荷率的最小值 |
| 年最大峰谷差 | 全年日峰谷差的最大值 |
| 年最大峰谷差率 | 全年日峰谷差率的最大值 |
| 季不均衡系数（又称季负荷率） | 全年各月最大负荷日的最大负荷之和的平均值与年最大负荷的比值 |
| 年最大负荷利用小时数 | 年用电量与年最大负荷的比值 |
| 年平均日负荷 | 全年月平均日负荷的平均值 |
| 年平均日负荷率 | 一年内 12 个月各月最大负荷日平均负荷之和与各月最大负荷日最大负荷之和的比值 |
| 年平均日峰谷差 | 全年日峰谷差的平均值 |
| 年平均日峰谷差率 | 全年日峰谷差率的平均值 |
| 全年日最大负荷曲线 | 按全年中逐日最大负荷绘制曲线 |

针对年负荷特性指标，可以绘制年最大负荷曲线以及计算年最小负荷率、年最大峰谷差率、季不均衡系数和年平均日峰谷差率。

将各月份负荷最大值按月份顺序用折线连接即可得到年最大负荷曲线。

其他指标的计算公式为

$$年最小负荷率 = \min(全年内各日负荷率) \qquad (3-20)$$

$$年最大峰谷差率 = \max(全年内各日峰谷差率) \qquad (3-21)$$

$$季不均衡系数 = \frac{各月最大负荷平均值}{各月最大负荷的最大值} \times 100\% \qquad (3-22)$$

$$年平均日峰谷差率 = \frac{\sum 全年各日峰谷差率}{该年天数} \qquad (3-23)$$

**2. 实用系数、阶段系数及负荷密度计算**

实用系数及阶段系数是业扩报装及其他配电网规划工作中常用的指标；而负荷密度则反映了不同性质或类别的负荷大小与该用户占地面积或建筑面积之间的关系，表征了用电负荷分布的密集程度。

上述三个指标均反映了业扩报装过程中，用户提供的用电信息资料（如报装容量、建筑面积）与用户在接入后负荷大小及后续发展变化的关系，总结这类指标并对其进行统计，有利于把握用户负荷特性的变化规律，完成对用户负荷特性的发展趋势的分析预测。

（1）实用系数。实用系数表征了报装容量与实际负荷之间的关系，其数值的大小反映了用户相对报装容量的实际负荷水平，其计算步骤如下：

步骤 1：针对用户负荷信息进行数据筛选，将异常数据删除，特别是所选取年份中间有缺失负荷的电力用户，由于销户等原因，已经不产生负荷，因此这一类电力用户不在研究之列，设有 $N$ 个电力用户，则 $P_{ij\max}$ 为用户 $i$ 在第 $j$ 年的年最大负荷。

步骤 2：按照区域和行业对所选电力用户进行分类。

步骤 3：每一用户终期年份的年最大负荷除以报装容量即为用户终期实用系数，计算式为

$$\eta_i = \frac{P_{ij\max}}{P_{ibz}} \tag{3-24}$$

式中：$\eta_i$ 表示 $i$ 用户的终期实用系数；$P_{ij\max}$ 表示 $i$ 用户终期年份 $j$ 的年最大负荷；$P_{ibz}$ 表示 $i$ 用户的报装容量。

步骤 4：对于区域行业内的所有电力用户，按照容量大小进行加权平均，即可得到区域行业实用系数，计算公式为

$$\eta_m = \sum_{i=1}^{n} \left( \eta_i \frac{P_{ibz}}{\sum P_{ibz}} \right) \tag{3-25}$$

式中：$\eta_m$ 表示 $m$ 行业终期实用系数；$n$ 表示 $m$ 行业中有 $n$ 个用户样本。

实用系数为电力公司分析用户报装容量合理性提供了依据，可有效防止投资浪费。

（2）阶段系数。阶段系数反映了负荷年实用系数与终期实用系数之间的关系，其计算是用当年实用系数除以终期实用系数，计算步骤如下。

步骤 1：计算电力用户各年份的终期实用系数，以当年最大负荷除以报装容量即为用户当年实用系数，计算公式为

$$\eta_{ij} = \frac{P_{ij}}{P_{ibz}} \tag{3-26}$$

式中：$\eta_{ij}$ 为 $i$ 用户第 $j$ 年的终期实用系数。

步骤 2：用户当年实用系数除以终期实用系数即可得用户阶段系数，计算公式为

$$\gamma_{ij} = \frac{\eta_{ij}}{\eta_i} \tag{3-27}$$

式中：$\gamma_{ij}$ 为 $i$ 用户第 $j$ 年的阶段系数。

步骤 3：根据所得用户阶段系数，进行归一化处理。

通过用户阶段系数的观察，可以看到负荷逐年发展的情况。阶段系数逐年增大，则负荷呈现增长状态；阶段系数逐年减小，则负荷呈现下降状态；阶段系数波动变化，则负荷呈现年波动状态。

（3）负荷密度。负荷密度是指单位面积的平均用电功率数值，表征了用户用电负荷和建筑面积的关系，其数值的大小反映了用电负荷分布的密集程度。

通过研究分析供电地区内各行业用电及占地面积的历史统计资料以及新报装用户上报的用户面积，计算出该用户预测期的用电负荷及年用电量，为核算报装容量提供重要参考依据，具体步骤如下：

步骤1：对用户信息进行筛选后，得到用户的行业分类、建筑面积以及最大用电负荷等相关参数。

步骤2：根据上述数据指标计算得出某用户的负荷密度为

$$D_i = \frac{P_{ij\max}}{S_i} \qquad (3-28)$$

式中：$P_{ij\max}$ 为用户最大用电负荷；$S_i$ 为用户建筑面积。

### 3. 负荷频域特性分析

常规的负荷特征指标常表征为日负荷率、日峰谷差率等，这些指数能够在一定程度上描述负荷曲线的峰谷特性，反映电力系统的运行状态，但电力系统还需要有其他方法来描述电力系统的波动特性，并提取相应指标进行表征。

选取两组电力系统负荷数据进行频谱分析，并以此说明传统时域分析的不足。电力负荷的时域和频域曲线如图3-9所示。

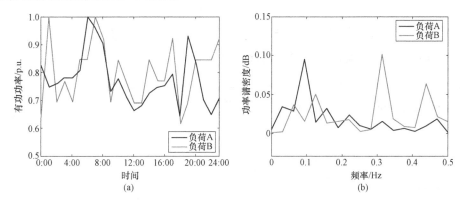

图3-9　负荷时域和频域曲线

（a）时域；（b）频域

由图3-9（a）可以明显看出：负荷A与负荷B的负荷高峰、低谷时刻相近，且两个负荷的峰谷差也基本相同，通过时域分析方法易得出两个负荷的峰谷特性相似的结论。

由图3-9（b）可以明显看出：负荷A在较低频率处的周期分量较大，而在其他频率的分量很小；相反，负荷B在较高频率的周期分量较大，而在其他频率的分量较小。这意味着负荷A的长周期分量占很大比例，峰谷波动特性更显著；而负荷B的短周期分量占较大比例，峰谷波动特性不明显。

由此可见，传统的负荷特性时域分析具有一定的局限性，也很难全面有效地反映电力负荷峰谷波动特性。而电力负荷的频域分析有效地弥补了时域分析在负荷波动特性方面的不足，为研究准确高效的电力负荷聚类及用户识别方法奠定了基础。在对电力负荷开展频域分析时，研究人员通常采用小波变换的方法。

小波变换（Wavelet Transform，WT）[30]具有多分辨率分析的能力，可有效地表征信号在时域和频域中的局部信息，在低频部分采用较低的时间分辨率和较高的频率分辨率，而在高频部分采用较低的频率分辨率,对时间进行精确的定位。因此,其十分适用于研究准确高效的电力负荷聚类及用户识别,更好地表征负荷波动特性。

(1) 基于小波变换的负荷分析方法。

步骤1:将一条日负荷曲线记为函数 $f(t)$,且满足 $f(t) \in L^2([a, b])$。对于 $a \leqslant t \leqslant b$,空间 $L^2([a, b])$ 由下式组成

$$L^2([a,b]) = \left\{ f:[a,b] \to C; \int_a^b |f(t)|^2 dt < \infty \right\} \tag{3-29}$$

步骤2:构造小波函数族 $\psi_{j,k}(t)$。小波函数信号是一类衰减较快的波动信号,其能量有限,且相对集中在局部区域。在离散小波变换中,常用的小波函数有 Haar 小波、Daubechies 小波等,一般记为 $\psi(t)$。

图 3-10 小波函数展缩平移过程

小波函数 $\psi(t)$ 通过展缩和平移得到小波函数族 $\psi_{j,k}(t)$,具体过程如图 3-10 所示。

这里小波函数由于相对集中在局部区域,所以比傅里叶变换的基函数多了平移这一步。

步骤3:构造尺度函数族 $\varphi_{j,k}(t)$。同样,尺度函数 $\varphi(t)$ 通过展缩和平移得到尺度函数族 $\varphi_{j,k}(t)$,具体过程如图 3-11 所示。

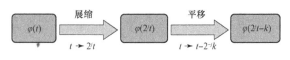

图 3-11 尺度函数展缩平移过程

尺度函数族 $\varphi_{j,k}(t)$ 定义为

$$\varphi_{j,k}(t) = 2^{j/2} \varphi(2^j t - k) \tag{3-30}$$

式中:$j$、$k$ 为展缩和平移的倍数。

步骤4:利用小波函数族 $\psi_{j,k}(t)$ 和尺度函数族 $\varphi_{j,k}(t)$ 对函数 $f(t)$ 进行离散小波展开

$$f(t) = \sum_n a_0[k]\varphi_{0,k}(t) + \sum_n d_0[k]\psi_{0,k}(t) + \sum_n d_1[k]\psi_{1,k}(t) + \cdots \tag{3-31}$$

式中:由负荷曲线信号函数 $f(t)$ 求解得到展开的系数,常用 $a_0$ 来表示信号的近似成分(粗糙成分),$d_{j,k}$ 表示信号的细节成分(精细部分)。

(2) 基于小波变换的负荷频域指标提取方法。将用户的负荷曲线作为输入信号,进行多层的小波分解后,获得了该负荷曲线的细节信号和近似信号。细节信号表征了该用户的负荷剧烈变化情况或波动的出现时间和发生强度;近似信号则是分解出细节波动后该曲线的整体走向,反映了该负荷曲线的总体趋势。

另外,根据对小波变化后的近似系数以及细节系数,可以得到小波分解后各层系数的小波能量、均方根值、绝对模平均值和标准差,这些稳态指标的计算公式为

$$第 i 层小波能量 = \sum |第 i 层的系数|^2 \tag{3-32}$$

$$第 i 层均方根值 = \sqrt{\frac{\sum |第 i 层的系数|^2}{第 i 层系数的总个数}} \qquad (3-33)$$

$$第 i 层绝对模平均值 = \frac{\sum |第 i 层的系数|}{第 i 层系数的总个数} \qquad (3-34)$$

$$第 i 层标准差 = \frac{\sum (第 i 层各系数 - 第 i 层系数平均值)^2}{第 i 层系数的总个数} \qquad (3-35)$$

各指标具体物理意义整理见表 3-7。

表 3-7　　　　　　　　　　　　　负荷频域指标物理意义

| 指标名称 | 指标物理意义 |
|---|---|
| 第 i 层细节信号 | 表征了该用户的负荷剧烈变化情况或波动的出现时间和发生强度 |
| 第 i 层近似信号 | 反映了该负荷曲线分解出细节波动后的整体走向和趋势 |
| 第 i 层小波能量 | 表征了该层信号的总体能量强度 |
| 第 i 层均方根值 | 表征了该层信号的平均能量强度 |
| 第 i 层绝对模平均值 | 表征了该层信号在绝对值上的平均能量强度 |
| 第 i 层标准差值 | 反映了该层信号的能量强度的波动情况 |

## 3.2　细分行业负荷特性分析方法

### 3.2.1　基于国家标准的单一用户归类

为挖掘能够服务于电网规划工作的负荷特性，需对各种类别、性质的用户的负荷特性有完整且清晰的把握。因此，在完成单一用户负荷特性分析后，需对各个用户负荷进行划分。采用用户所属的经济行业为标准进行归类，能够合理、准确地对用户的性质加以区分。

依据 GB/T 4754—2017《国民经济行业分类》，对用户按照行业进行归类。

GB/T 4754—2017 由国家统计局和中国标准化研究院起草，是规定了全社会经济活动的分类与代码的国家标准，适用于在统计、计划、财政、税收、工商等国家宏观管理中对经济活动的分类，并用于信息处理和信息交换。GB/T 4754—2017 中的行业分类从上至下、从大到小，包括门类、大类、中类和小类，共有 20 个门类，97 个大类。采用 GB/T 4754—2017 作为用户归类的标准，保证了归类的准确性和全面性，是本书的细分行业负荷特性分析的前提和基础。该标准的部分具体内容见表 3-8。

表 3 - 8 国民经济行业分类

| 门类代码 | 门类 | 大类 |
|---|---|---|
| A | 农、林、牧、渔业 | 农业、林业、畜牧业、渔业等 |
| B | 采矿业 | 煤炭开采和洗选业、石油和天然气开采业、黑色金属矿采选业、有色金属矿采选业等 |
| C | 制造业 | 农副食品加工业，食品制造业，酒、饮料和精制茶制造业，烟草制品业，纺织业，纺织服装、服饰业，机械和设备修理业等 |
| D | 电力、热力、燃气及水生产和供应业 | 电力、热力生产和供应业等 |
| P | 教育 | 教育 |
| Q | 卫生和社会工作 | 卫生和社会工作 |
| R | 文化、体育和娱乐业 | 新闻和出版、文化艺术业等 |
| S | 公共管理、社会保障和社会组织 | 中国共产党机关、国家机关、社会保障等 |
| T | 国际组织 | 国际组织 |

### 3.2.2 细分行业负荷曲线提取方法

利用单一用户典型日负荷曲线提取方法对各个行业的多个用户分别进行典型日曲线的提取，可获取每个行业中的多个用户的典型日负荷曲线。为得到各个行业的负荷曲线，以便对各个行业的用电行为特征进行进一步的分析，提炼出更有价值的信息，需要对所得的各个用户的负荷曲线进行聚类分析。

#### 1. 传统负荷曲线聚类方法

（1）模糊 C 均值聚类算法[31]。模糊 C 均值（FCM）聚类算法在运行时间、准确度、稳定性及聚类效果等方面均表现较好，是目前应用最广泛的电力负荷特性分类算法之一。

FCM 算法是一种以隶属度来确定每个数据点属于某个聚类程度的算法，该算法是传统硬聚类（HCM）算法的一种改进。FCM 将数据集 $X=[x_1, x_2, \cdots, x_n]$ 分为 $c$ 个模糊组，分别计算每一组的聚类中心，其模糊划分可用矩阵 $U=[u_{ij}]$ 表示，其中，$u_{ij}$ 表示的是第 $j$ 个数据点属于第 $i$ 类的隶属度（$j=1, 2, \cdots, n$; $i=1, 2, \cdots, c$）。$u_{ij}$ 满足以下条件

$$\begin{cases} \forall j, \sum_{i=1}^{c} u_{ij} = 1 \\ \forall i,j, u_{ij} \in [0,1] \\ \forall i, \sum_{j=1}^{n} u_{ij} > 0 \end{cases} \qquad (3-36)$$

FCM 的目标函数是各点的隶属度和该点与聚类中心的欧氏距离的乘积之和，FCM 算法就是求使聚类目标函数最小化的划分矩阵 $\boldsymbol{U}$ 和聚类中心矩阵 $\boldsymbol{C}$，即

$$\min J_m(\boldsymbol{U},\boldsymbol{C}) = \sum_{j=1}^{n}\sum_{i=1}^{c} u_{ij}^m d_{ij}^2(x_j,c_i) \tag{3-37}$$

$$d_{ij}(x_j,c_i) = \|x_j - c_i\| \tag{3-38}$$

式中：$n$ 为样本数据集的个数；$c$ 为聚类中心数；$m$ 为模糊加权指数；$d_{ij}$ 为样本点和聚类中心之间的欧氏距离。

使式（3-37）达到最小值的两个必要条件为

$$\begin{cases} c_i = \dfrac{\displaystyle\sum_{j=1}^{n} u_{ij}^m x_j}{\displaystyle\sum_{j=1}^{n} u_{ij}^m} \\[4mm] u_{ij} = \left[\displaystyle\sum_{k=1}^{c}\left(\dfrac{d_{ij}}{d_{kj}}\right)^{2/(m-1)}\right]^{-1} \end{cases} \tag{3-39}$$

（2）层次聚类算法[32]。层次聚类算法是根据给定的簇间距离度量准则，构造和维护一棵由簇和子簇形成的聚类树，直至满足某个终结条件为止的聚类算法。该算法的初衷为解决预定义的 $k$ 的取值问题，通过自底向上的策略首先将每个对象作为一个簇，然后合并这些原子簇为越来越大的簇，直到所有的对象都在一个簇中，或者某个终结条件被满足。层次聚类算法的示意图如图 3-12 所示。

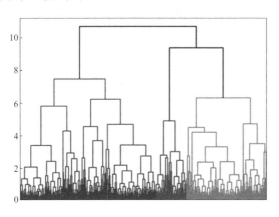

图 3-12　层次聚类算法示意图　　　　　　查看彩图

层次聚类算法根据簇与簇之间的距离衡量、合并规则及算法停止条件展开，具有多种分支算法。距离或相似度可以采用马氏距离、相关系数、余弦函数等；合并规则可以采用类间距离最小，类间距离可以是最短距离、最长距离、中心距离等；算法的停止条件可以为：类的个数达到阈值（极端情况下类的个数为1）；类的直径超过阈值等。

对负荷曲线进行聚类，采用的距离衡量是不同簇之间的平均距离，计算公式为

$$d_{\text{mean}}(c_i,c_j) = |m_i - m_j| \tag{3-40}$$

式中：$m_i$ 为簇 $c_i$ 的平均值；$m_j$ 为簇 $c_j$ 的平均值。

采用的合并规则为类间平均距离最小，而算法的停止条件则为合并为一个类。

**2. 基于灰狼优化的模糊均值聚类算法**

针对传统负荷曲线聚类方法存在的问题，提出一种基于灰狼优化（Grey Wolf Optimizer，GWO）的模糊均值聚类算法，对日负荷曲线进行聚类分析[33]。

GWO 算法是一种群搜索智能算法，具有全局寻优、快速收敛的特性。所提算法可利用 GWO 的全局搜索能力为 FCM 算法快速搜索最优初始聚类中心，降低 FCM 算法对初始聚类点的敏感程度，使其获得近似全局最优的聚类划分，提高日负荷曲线聚类分析的聚类效果。GWO - FCM 算法原理介绍如下。

（1）灰狼粒子的编码。从上述分析中可知，FCM 算法[34]可选择对模糊划分矩阵 **U** 或聚类中心矩阵 **C** 进行初始化。针对电力用户日负荷曲线聚类分析问题，通常需要对大量用户的负荷曲线数据进行处理分析，这将导致数据样本集的数据条数 $n$ 过大。若采用模糊划分矩阵 **U** 中的元素构成灰狼的编码，则编码维度达到 $c \times n$ 维，维数过高将影响 GWO 算法寻优的效率。而对原始数据进行数据降维操作之后，单条数据的特征量 $m$ 往往远小于其数据条数 $n$。因此，选择聚类中心矩阵 **C** 的元素结构作为灰狼粒子的编码，粒子维度可降为 $c \times m$ 维，则粒子编码可表示为

$$p_i = (c_{11}, \cdots, c_{1m}, \cdots, c_{c1}, \cdots, c_{cn}) \tag{3-41}$$

（2）适应度函数。FCM 算法需要构造适合的适应度函数，对每个灰狼粒子的好坏程度进行评估。定义的适应度函数为

$$f(p_i) = \frac{1}{J(\boldsymbol{U}, \boldsymbol{C})} \tag{3-42}$$

对某一灰狼个体，其对应目标值 $J(\boldsymbol{U}, \boldsymbol{C})$ 越小，适应度值 $f(c_i)$ 越高，表示其聚类效果更优。

狼群中每个灰狼的位置均代表解问题空间中的一个可行解，表示一种初始聚类中心的选取方法。因此，在 GWO 算法每次迭代过程中，$\alpha$、$\beta$、$\delta$ 狼的位置信息更新只需根据适应度值具体对应到每一种初始聚类中心即可。

（3）GWO 算法与 FCM 算法转换条件。GWO - FCM 算法主要分为两个阶段进行：第一阶段利用 GWO 算法在可行域范围内全面快速地搜寻到较好的初始聚类中心；第二阶段利用 FCM 算法的局部搜索能力，在已得到的最优初始聚类中心的基础上，迭代计算进行局部寻优，完成聚类分析。

定义狼群适应度方差为

$$\sigma^2 = \frac{1}{z} \sum_{i=1}^{z} \left[ f(p_i) - f_{\text{avg}} \right]^2 \tag{3-43}$$

式中：$z$ 为狼群规模；$f_{\text{avg}}$ 为所有灰狼个体的平均值。

适应度方差 $\sigma^2$ 的大小表征灰狼个体的收敛程度。当 $\sigma^2$ 的值较小时，狼群的适应度值的离散程度不高，GWO 算法趋向收敛，其全局搜索能力开始下降。因此，当 $\sigma^2$ 的值小于设定的阈值 $\xi$ 时，GWO - FCM 算法由第一阶段转为第二阶段，即利用 FCM 进行聚类分析，使得后期收敛更快。

**3. 方法对比分析**

（1）评价指标。日负荷曲线聚类分析问题归属于数据挖掘中的无监督学习（Unsupervised Learning）的范畴[35]。由于绝大多数聚类方法是基于一种试探性的行为进行的，无论所给定的待聚类数据集和给定的簇的个数是否合理，均能利用聚类算法求得其簇结构。所以，聚类结果是否有效，仍待进一步评价。

可利用轮廓系数（Sihouette Coefficient）[36]指标来体现类的紧密性以及可分性，该指标在聚类数未知时能确定最优聚类数和评价聚类效果。对于样本 $x$ 的轮廓系数特性指标定义如下

$$SIL(x) = \frac{D_a(x) - D_b(x)}{\max[D_a(x), D_b(x)]} \tag{3 - 44}$$

$$D_a(x) = \frac{\sum\limits_{s \in C_k, s \neq x} d(x, s)}{|C_k| - 1} \tag{3 - 45}$$

$$D_b(x) = \min_{C_j : 1 \leqslant j \leqslant c, j \neq k} \left\{ \frac{\sum\limits_{s \in C_k, s \neq x} d(x, s)}{|C_j|} \right\} \tag{3 - 46}$$

式中：SIL（$x$）代表样本 $x$ 的轮廓系数；$x$ 代表属于 $C_k$ 类的样本；$D_a$（$x$）和 $D_b$（$x$）分别代表 $x$ 与 $C_k$ 类内部剩余对象的平均距离和 $x$ 与非 $C_k$ 类对象距离的最小平均距离。

轮廓系数的变动范围在 $[-1, 1]$ 之间。当轮廓系数越接近 1 时，则表明 $x$ 所属的 $C_k$ 类紧密性和类可分性越好，聚类效果越好。若轮廓系数小于 0，则聚类失效。

采用所有数据样本轮廓系数的均值评价整体聚类的有效程度表达式为

$$SLIMEAN = \frac{1}{N} \sum_{i=1}^{N} SIL(x_i) \tag{3 - 47}$$

SLIMEAN 越大，则整体聚类效果越好；使得 SLIMEAN 最大的聚类数 $c$ 即为最优聚类个数。

（2）算法对比分析。以某市 2016 年 3 月某正常工作日中 1278 个用户的实际日负荷曲线数据为例。数据采集上传间隔为 15min，每个用户的单日负荷数据量为 96 个点。经数据预处理后，最终算例包含数据条数为 1235 条，待聚类矩阵为 1235×96 维。利用所提算法对处理后的待聚类矩阵进行聚类分析后得出的结果，与以 96 个采样点的数据为输入，经线性比例归一化后直接利用 FCM 算法、层次聚类算法的聚类结果作对比。

在设置不同聚类数的情况下，三种方法的聚类有效性指标计算结果见表 3 - 9。可知，三种算法的 SLIMEAN 均值都在聚类数为 6 时达到最大。因此，三种算法的最优聚类数均

为 6。同时，采用所提方法聚类结果的 SLIMEAN 均值指标在聚类数取任何其他值时，均大于传统 FCM 方法、层次聚类算法得出的 SLIMEAN 均值，聚类效果更优。这也说明了所提方法结合 GWO 算法的全局搜索能力和 FCM 算法的局部搜索能力，降低聚类结果收敛于局部最优的可能性。

表 3 - 9 聚类有效性指标计算结果

| GWO - FCM 算法 | | 传统 FCM 方法 | | 层次聚类算法 | |
|---|---|---|---|---|---|
| 聚类数 $c$ | SLIMEAN | 聚类数 $c$ | SLIMEAN | 聚类数 $c$ | SLIMEAN |
| 2 | 0.321 6 | 2 | 0.321 6 | 2 | 0.321 6 |
| 3 | 0.342 4 | 3 | 0.338 4 | 3 | 0.334 7 |
| 4 | 0.359 7 | 4 | 0.351 7 | 4 | 0.347 1 |
| 5 | 0.367 5 | 5 | 0.360 4 | 5 | 0.354 6 |
| 6 | **0.410 8** | 6 | **0.402 4** | 6 | **0.384 2** |
| 7 | 0.381 4 | 7 | 0.376 8 | 7 | 0.368 4 |
| 8 | 0.334 1 | 8 | 0.321 5 | 8 | 0.311 6 |
| 9 | 0.287 6 | 9 | 0.257 4 | 9 | 0.238 1 |
| 10 | 0.225 6 | 10 | 0.215 6 | 10 | 0.184 9 |

图 3 - 13～图 3 - 15 显示了三种聚类算法的日负荷曲线聚类结果，其中红色曲线是该类负荷整体的聚类中心。采用 GWO - FCM 算法得出的聚类结果中，属于每个类别的曲线数分别为 177、99、148、179、171 和 177；采用传统 FCM 算法得出的聚类结果中，属于每个类别的曲线数分别为 179、99、148、177、173 和 175；采用层次聚类算法得出的聚类结果中，属于每个类别的曲线数分别为 182、102、145、174、169 和 179。

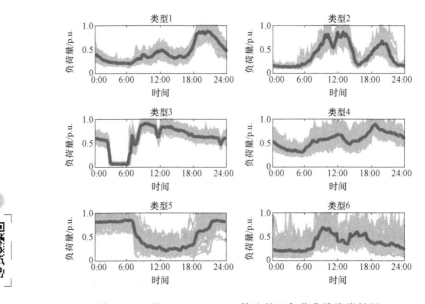

扫码

查看彩图

图 3 - 13　基于 GWO - FCM 算法的日负荷曲线聚类结果

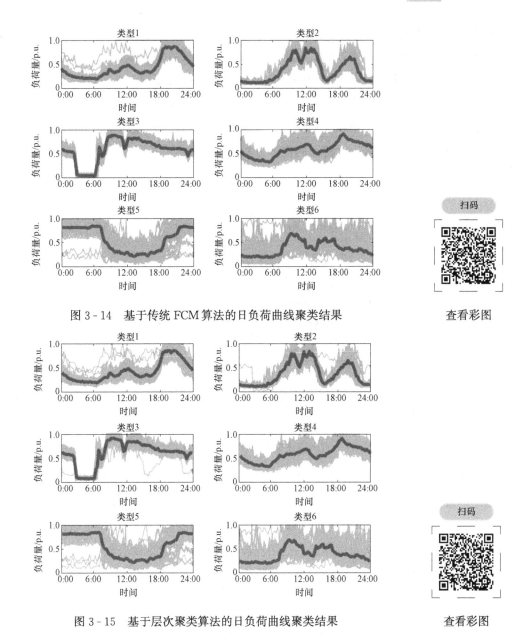

图 3-14 基于传统 FCM 算法的日负荷曲线聚类结果

扫码

查看彩图

图 3-15 基于层次聚类算法的日负荷曲线聚类结果

扫码

查看彩图

另外，对于单条负荷曲线的归类，传统 FCM 算法以及层次聚类算法均存在少量日负荷曲线偏离聚类中心（即典型日负荷曲线）较远的情况。而 GWO-FCM 算法的聚类结果中，归为同一类的负荷曲线之间较为紧密，聚类效果较其他两种算法更优。

### 3.2.3 细分行业负荷特征分析

对于大部分负荷特征指标来说，可以根据其数值的性质分为两大类：一类是直观描述型，包括日用电量、日最大负荷、日最小负荷和日峰谷差等；另外一类是比值描述型，包括日负荷率、日峰谷差率等。根据用电特征数值的性质，应使用不同的方法对细分行业负荷的特征进行计算和分析。

（1）直观描述型负荷特征提取方法。直观描述型特征是对某个对象进行直观描述的具有量纲的数值，对一个行业多个电力用户的直观描述型特征进行提取。为完整反映该行业的整体特征情况，一般考虑使用数理统计方法对直观描述型特征进行分析，统计各个分段上用户的数量，使用上述标签对用户进行打分，并计算中位数、分布期望等。

选择用户的日最大负荷为例，该特征的提取分析流程如图 3-16 所示。

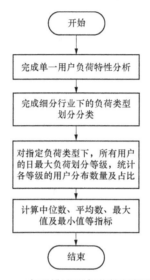

图 3-16  直观描述型负荷特征提取方法

（2）比值描述型负荷特征提取方法。比值描述型特征是使用比值对对象特征进行描述的不具有量纲的数值，对一个行业多个电力用户的比值描述型特征进行提取。为更加准确地反映该行业下各个用电模式的典型特征，避免被非典型的用户数据干扰，可以使用关联性方法对典型用户进行筛选，从而对筛选后的用户群体进行特征的直接求取和计算。

选择用户的日负荷率为例，该特征的提取分析流程如图 3-17 所示。

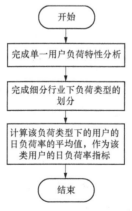

图 3-17  比值描述型负荷特征提取方法

# 4 基于数据挖掘的多维度负荷特性库构建

在构建负荷特性库的基础上，需要分别对用户画像及行业画像进行描绘。一方面，从单一用户负荷特性库中选取部分可用特征，与用户画像中的用户经济水平、用户用电习惯及用户行为属性等进行一一对应，从电力角度对用户画像进行描绘；另一方面，从细分行业负荷特性库中选取部分可用特征，并与行业画像中的行业生产规模、行业用电模式、行业行为模式及地域特征等属性进行一一对应，从电力角度对行业画像进行描绘。

## 4.1 用户画像及行业画像描绘

基于电力用户画像的概念，提出以细分行业负荷为对象，构建实用行业负荷画像。在完成细分行业内分类的基础上，从每种类型中提取各个维度的负荷典型特征，并设定阈值开展特征分级，为不同行业及用户群体赋予标签，最终构建出完整的信息标签体系[37]。而各个细分行业及细分行业下的各个负荷类型，在被赋予完善的信息标签后，最终形成了形象鲜明、细致直观的行业画像。

在配电网规划工作过程中，根据不同的工作需要和服务策略，可利用行业画像的标签，筛选获得满足条件的细分行业群体或细分行业下某个类型的用户群体作为工作或者服务的对象，实现电网工作的精准化和细致化。

### 4.1.1 电力用户画像及行业画像定义

对于电网企业而言，电力用户画像[38、39]是根据用户的基本属性、用电行为、缴费行为和诉求行为的差异，开展电力用户个体画像。电力用户的个体画像体现了电网企业对用户信息的需求，也给电力用户行业画像的特征选取提供了参考依据。

为适应电网规划工作实际需求，结合传统电力用户画像定义，对行业画像的特征进行选取和定义，用户画像及行业画像定义的对应关系见表 4-1[40]。

表 4-1 　　　　　　　　　　　　用户画像及行业画像定义对比

| 序号 | 电力用户个体画像特征 | 电力用户行业画像特征 | 电力用户行业画像特征定义 |
|---|---|---|---|
| 1 | 用户经济水平 | 行业生产规模 | 该行业的生产总值或用电总量 |

| 序号 | 电力用户个体画像特征 | 电力用户行业画像特征 | 电力用户行业画像特征定义 |
|---|---|---|---|
| 2 | 用户用电习惯 | 行业用电模式 | 将该行业分为若干种用电模式,并统计各用电模式下用户负荷曲线及特征 |
| 3 | 用户行为属性 | 行业行为模式 | 该行业用户报装用电后的负荷逐渐增长至饱和的方式及特征 |
| 4 | 用户用电地点 | 行业地域特征 | 该行业在各个地区的用户数量和分布情况 |

上述行业画像的具体定义完成了行业画像的特性体系的构建,具体可利用行业生产规模、行业用电模式、行业行为模式以及行业地域特征四个维度的特性对某一行业展开描述,而如何对不同的特征进行进一步的分级,准确反映单个对象不同特性的真实水平,是完成行业画像的关键。换句话说,行为标签的分级工作是行业画像的核心工作和主要难点。

### 4.1.2 画像特征提取

#### 1. 行业生产规模

从一定意义上来说,负荷总量和用电总量都体现着行业生产规模的大小和地位的重要程度。单一行业负荷总量越大,一定程度上代表着该行业的规模越大,在地区发展中发挥的作用越大,相应地,其重要程度也就越高,用电总量亦是如此。此处,利用行业所占地区的负荷总量以及用电总量的比例作为依据,对行业生产规模进行标签化处理,具体见表4-2。

表4-2 行业生产规模标签表

| 指标名称 | 标签 |
|---|---|
| 用电总量 | 用电总量高(≥10%) |
| | 用电总量中(3%~10%) |
| | 用电总量低(≤3%) |
| 负荷总量 | 负荷总量高(≥10%) |
| | 负荷总量中(3%~10%) |
| | 负荷总量低(≤3%) |

通过赋予行业生产规模标签,可大致掌握该行业用户的体量及发展态势。

#### 2. 行业用电模式

获取行业的用电特征的基础是各个用电模式下典型日负荷曲线及相关指标,相关行业的用电模式与具体指标可利用本章所述的方法进行提取计算,再对这些提取的参数进行分析,通过统计各个模式下负荷的峰型,表征该行业生产线的轮班情况及自动化水平,具体的情况需要根据具体行业具体分析,对行业用电特征进行标签化处理,见表4-3。

表 4-3　　　　　　　　　　　　　行业用电特征标签表

| 指标名称 | 标签 |
|---|---|
| 负荷曲线及特征 | 三峰型（三班制） |
| | 双峰型（两班制） |
| | 单峰型（一班制） |
| | 无峰型（持续用电，自动化水平较高） |

### 3. 行业行为模式

行业用户实际的用电负荷与报装容量之间存在一定的差异，一般需要一定时间才能接近匹配，而这个所需的时间通常使用饱和速度进行衡量。具体而言，饱和情况又可分解为实用系数和阶段系数[41]。其中实用系数表征了报装容量与实际负荷之间的关系，其数值的大小表征了用户相对报装容量的实际负荷水平；而阶段系数表征了负荷年实用系数与终期实用系数之间的关系，其计算是用当年实用系数除以终期实用系数。此外，为描述用户用电负荷和建筑面积的关系，引入了负荷密度的定义，其具体指单位面积的平均用电功率数值，该数值的大小表征了用电负荷分布的密集程度。根据报告上述内容求得各个行业三个参数后，对其进行取平均值处理，并依照表 4-4 准则对其进行标签化处理。

表 4-4　　　　　　　　　　　　　行业负荷饱和情况标签表

| 指标名称 | 标签 |
|---|---|
| 平均实用系数 | 高实用系数（≥0.9） |
| | 中实用系数（0.7～0.9） |
| | 低实用系数（≤0.7） |
| 平均阶段系数 | 高阶段系数（≤2 年达到终期负荷） |
| | 中阶段系数（3～4 年达到终期负荷） |
| | 低阶段系数（≥5 年达到终期负荷） |
| 平均负荷密度 | 高负荷密度（≥35MW/km²） |
| | 中负荷密度（20～35MW/km²） |
| | 低负荷密度（≤20 MW/km²） |

平均实用系数高，代表着该行业的实际负荷水平与预期水平相当；而阶段系数越早达到高水平，意味着该行业负荷增长越快，负荷饱和越快，也一定程度上代表着该行业用户发展水平越快。通过对上述三个指标的标签化，可在一定程度上把握对象行业的负荷总量及其发展情况。

### 4. 行业地域特征

行业的地域特征可以表征为行业下各个用户具体所处的地理位置以及整体呈现的分布

状况。一般可由 GPS 完成用户的地理定位，从而进行地域特征的标签化处理。

### 4.1.3 地区行业画像可视化

为使业务人员更直观掌握各类用户用电特性，对得到的用户用电标签进行可视化展示，形成不同类型行业的用电行为画像。

对某地区所有收资的用户负荷数据按照本章方法流程进行分析计算，构建从用户层到行业层的多维负荷特性库，完成行业画像的特征提取，并对该地区的用电概况进行总览和统计。各行业的用电用户占比如图 4-1 所示。

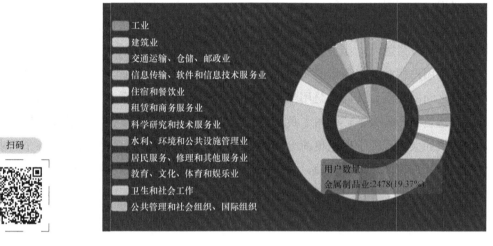

扫码

查看彩图　　　　　　　　　　　图 4-1　某地区各行业用电用户占比

该地区规模较大的细分行业的用户数量分布如图 4-2 所示。可见，该地区工业发达且用户规模庞大，属于工业的细分行业种类多，用户数量大。用户数量排名前四的细分行业分别为金属制品业、塑料制品业、公共照明及电气机械和器材制造业。

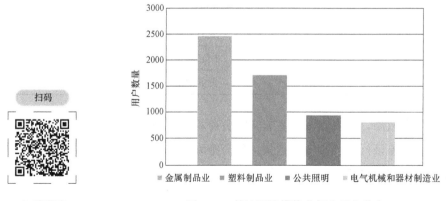

扫码

查看彩图　　　　　　　　　　　图 4-2　某地区规模较大行业用户分布

## 4.2 基于行业画像的用户负荷类型识别

4.1节介绍了立足行业生产规模、用电模式、行为模式、地域特征等维度得到各行业精细化的典型特征并赋予标签，构建出贴合实际需求场景的行业画像，从而构建负荷特征库。接下来，进行特征分级，赋予标签的阈值，根据最终标签，结合业务需求场景，组合并搭建出一个立体的行业虚拟模型，由此完成了行业画像的描绘。

在完成行业画像的特征分析后，面对一个报装的新电力用户，如何根据行业画像的已有特征，结合用户提供的报装信息，对新电力用户做出合理的负荷类型识别和负荷水平的预估，是行业画像为业扩报装及配电网规划等工作提供指导和依据的关键。

### 4.2.1 基于传统报装信息的用户负荷类型识别

根据现有管理细则[42]规定，在用户提交用电申请后，勘察人员应在接到业扩工单的1个工作日内电话预约现场勘察时间、地点，现场勘察内容包括收集用户资料和核实用电容量、用电类别、可靠性要求、自备电源等用户用电信息。

该规定符合实际工程流程，能够满足传统业扩报装工作需求，然而用户提交的资料中，虽然用电容量及用电类型能够明确负荷所属行业，但提供给行业内的用户负荷类型识别的有效信息不足。因此，在用户报装信息较少的情况下，一般认为同行业、同地区的用电水平相近，生产规模相近的用户具有相近的生产方式或用电习惯。这样可以合理估计该用户群体能够代表新用户可能具有的用电特征。

对于提供了传统报装资料的新电力用户，用户负荷类型识别的流程如下：

步骤1：整理新电力用户的报装资料，包括用电地点、所属行业和用电容量。

步骤2：根据新电力用户提供的信息，对该区域、行业下的用户进行筛选，构建相应行业画像，得到该行业下各个负荷类型的用电特征。

步骤3：行业画像中包括各个类型负荷的水平等级，并统计各级用户数量及占比。

步骤4：根据新电力用户的负荷水平等级，选择该等级中用户数量占比最高的负荷类型，认为该类型为新电力用户的负荷类型，完成负荷类型识别过程。

整个流程如图4-3所示。

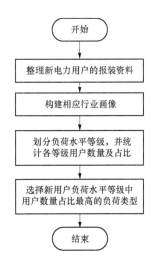

图4-3 基于传统报装信息的用户负荷类型识别流程

### 4.2.2 用户报装信息扩充

由于传统业扩报装流程中，新报装用户需要填报包括用电容量、用电性质与用电地点等信息，这些信息足够让规划人员对用户的负荷水平进行估计。但若是需要考虑新用户的负荷时序特性，使得用户接入供电点后能够起到削峰填谷或者改善供电点负荷状况的作用[43]，并以此为依据选择用户接入的供电点，传统的用电信息显得过于简略，不足以对用户负荷特性进行合理推测。

假定在业务受理提交资料环节中，对用户提供的资料进行补充并要求作为选填项，增加了用户的用电设备信息，包括持续性用电设备容量（保温、监控、部分不间断照明设备等）、工作时间段用电设备容量（制冷、照明、生产设备等）、生产运行用电时段安排的需求。从用户方面获得更加详细的设备信息，有利于新增步骤中根据用户资料对其负荷进行归类和匹配，并为业扩报装工作中其他步骤提供参考信息。

在 4.1 节中，已经对一个细分行业中的负荷类型进行了划分，若需对其典型日负荷曲线进行合理估算，则需要确定新报装的用电用户最相似的趋势类型，为后续供电点的选择提供判断依据，因此需要根据用户报装信息对用户的负荷进行归类。考虑使用机器学习方法对归类的内在规律进行学习，因此将对新用户的报装信息进行典型特征提取，作为机器学习模型的数据输入。

具体方法流程如下：

步骤 1：对传统业扩报装资料填报要求进行了修改，新增了用户的用电设备信息，包括持续性用电设备容量（保温、监控、部分不间断照明设备等）和工作时间段用电设备容量（制冷、照明、生产设备等）和工作时间安排。

步骤 2：按照负荷的常规变化规律划分时间：9：00～12：00 和 15：00～18：00 为峰期；21：00～6：00 为谷期；6：00～9：00、12：00～15：00 和 18：00～21：00 为平期，为下述步骤的用户特征计算提供依据。

步骤 3：根据上述信息，对用户特征进行估算，计算公式为

$$日平均负荷 = \frac{持续性用电设备容量 \times 全天时间 + 工作时间段用电设备容量 \times 工作时间段}{全天时间}$$

$$(4-1)$$

$$日负荷率\ \alpha_1 = \frac{日平均负荷}{持续性用电设备容量 + 工作时间段用电设备容量} \quad (4-2)$$

$$日最小负荷率\ \alpha_2 = \frac{日最小负荷}{持续性用电设备容量 + 工作时间段用电设备容量} \quad (4-3)$$

$$日峰谷差率\ \alpha_3 = \frac{工作时间段用电设备容量}{持续性用电设备容量 + 工作时间段用电设备容量} \quad (4-4)$$

$$峰期负荷率\ \alpha_4 = \frac{峰期平均负荷}{日平均负荷} \quad (4-5)$$

$$谷期负荷率 \alpha_5 = \frac{谷期平均负荷}{日平均负荷} \qquad (4-6)$$

$$平期负荷率 \alpha_6 = \frac{平期平均负荷}{日平均负荷} \qquad (4-7)$$

步骤 4：取日负荷率 $\alpha_1$、日最小负荷率 $\alpha_2$、日峰谷差率 $\alpha_3$、峰期负荷率 $\alpha_4$、谷期负荷率 $\alpha_5$ 及平期负荷率 $\alpha_6$ 形成用户典型特征向量。

上述步骤中的用户典型特征提取方法，将新报装用户的报装信息转化为既适合机器学习模型训练的特征向量，又适用于对用户历史数据计算得到的特征向量，为后续使用机器学习方法提供了数据基础。

### 4.2.3  基于扩充信息的负荷类型识别算法

在完成了用户的报装信息扩充后，可以此为基础计算获得报装用户的特征向量，并用于业扩报装用户的负荷类型识别，这是基于用户负荷特性分析的应用。其目的在于，基于现有的负荷特性，根据用户已知特性对还未知的信息进行合理的推测，并应用这些合理的推测信息，提高负荷的接入对于电网的预期效果。基于扩充报装信息的负荷类型识别逻辑结构图如图 4-4 所示。

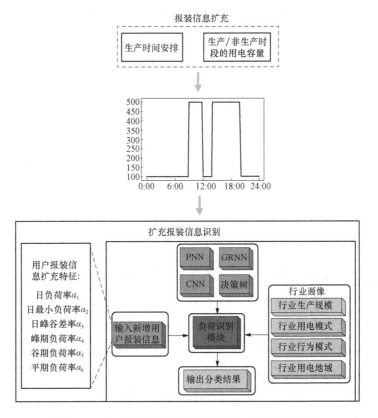

图 4-4  基于扩充报装信息的负荷类型识别逻辑结构

### 1. 决策树算法

（1）基本原理。决策树算法是监督学习中一种常用的分类算法[44]，根据训练样本集数据构造出一系列规则以实现对数据的分类。决策树是基于树形结构自上而下来进行决策的，主要由节点和分支组成，其中节点又分为内部节点和叶节点，叶节点对应具体的分类结果，内部节点代表数据特征，节点下的分支表示某一特征对应特征值的分类。总的来说，决策树模型属于样本特征和样本类别之间的一种映射关系。

决策树算法最大的优势在于它极强的可解释性。一方面，树的结构易于理解；另一方面，决策树模型很容易转换为分类规则。但是决策树很容易出现过拟合的情况，泛化能力较差，对噪声数据过于敏感，异常值可能会使得决策树模型的结构发生很大的变化。

（2）算法步骤。

步骤 1：构建待识别的负荷特征向量。

根据负荷电力数据的实际情况，选取代表性最强的相关负荷特征，构建负荷特征向量 $\boldsymbol{A} = (a_1, a_2, \cdots, a_n)$。

步骤 2：划分负荷特征分类标准。

决策树的构建依赖于划分子集所使用的特征，提升决策树模型性能的关键就在于如何选择最优的划分属性，使得划分的每个分支节点所包含的样本都尽可能地处于同一种分类中。在分类决策树中，常使用信息熵和基尼不纯度作为划分样本的特征选择标准[45]。以信息熵为例，信息熵的值越大，则表明样本的不确定性越大，假设样本集合 $\boldsymbol{S}$ 中第 $i$ 类样本所占的比例为 $\boldsymbol{P} = (p_1, p_2, \cdots, p_i, \cdots, p_k)$，则集合 $\boldsymbol{S}$ 的信息熵的计算公式为

$$\text{Entropy}(\boldsymbol{S}) = -\sum_{i=1}^{k} p_i \log_2 p_i \tag{4-8}$$

假设特征 $\boldsymbol{F}$ 有 $m$ 个可能的取值 $\{F_1, F_2, \cdots, F_m\}$，选择特征 $\boldsymbol{F}$ 对样本集合进行划分时，会产生 $m$ 个分支结点，其中第 $j$ 个分支结点里为集合 $\boldsymbol{S}$ 中特征 $\boldsymbol{F}$ 取值为 $F_j$ 的样本，用 $S_j$ 表示，样本数为 $|S_j|$，则划分后样本集的信息熵为

$$\text{Entropy}(\boldsymbol{S}, \boldsymbol{F}) = -\sum_{j=1}^{m} \frac{|S_j|}{|S|} \text{Entropy}(S_j) \tag{4-9}$$

此时，定义信息增益为划分前后样本集信息熵的差值

$$\text{Gain}(\boldsymbol{S}, \boldsymbol{F}) = \text{Entropy}(\boldsymbol{S}) - \text{Entropy}(\boldsymbol{S}, \boldsymbol{F}) \tag{4-10}$$

一般来说，信息增益越大，说明使用特征 $\boldsymbol{F}$ 划分样本集时获得的样本纯度越高，由此根据信息熵的取值情况不断生成内部结点，直至不确定度满足收敛准确度要求或是生成的树达到最大深度，从而完成树的构建。

步骤 3：剪枝处理，减少决策树的过拟合，增强泛化性。

为了使决策树得到较好的分类效果，决策树在递归构建过程中会不断地产生分支，直至分支下的样本都属于同一个类别为止。但是这也可能导致模型过拟合，容易受噪声奇异

值的影响。为了提高模型的泛化能力，经常会对决策树进行剪枝操作。剪枝操作分为预剪枝和后剪枝[46]。

预剪枝是在树的构建过程中不断进行分支的判断，当分支的信息增益小于某个值（即继续划分对于样本集的纯度提升不明显），或者分支下的样本数量小于某个值（认为样本集划分已经够细）时，停止树的构建过程。预剪枝能够很好地避免决策树结构过于复杂，但是对于阈值的设置十分敏感，小小的改动就会引起树结构很大的变化。

后剪枝是当决策树构建完成后，利用测试集对决策树结构进行自下而上的修剪。基于构建完成的树对测试集数据进行分类测试，尝试合并两个相邻叶结点，计算合并后的预测误差，如果误差降低，便将该子树替换为叶结点，由此形成新的树，取得更好的分类效果。

### 2. 广义回归神经网络（GRNN）

（1）基本原理。广义回归神经网络（General Regression Neural Network，GRNN）作为一种径向基神经网络[47]，其优点是学习速度快，函数逼近能力强，没有循环训练过程，具有高度容错性，适用于处理波动性和非线性较强的数据。其柔性网络结构决定了它具有很强的鲁棒性和容错性。GRNN 通常由输入层、模式层、求和层和输出层组成。其拓扑结构如图 4-5 所示。

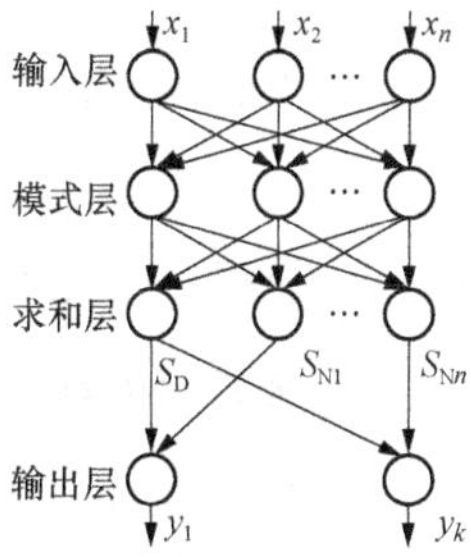

图 4-5　GRNN 结构

若 GRNN 的输入样本维数为 $r_{in}$，输出样本维数为 $r_{on}$，训练样本集的样本数为 $m$，则 GRNN 输入层神经元有 $r_{in}$ 个，即输入层的神经元个数与输入样本维数一致；模式层神经元有 $m$ 个，即模式层的神经元个数与训练样本集的样本数一致；求和层包括 $r_{on}$ 个分子神经元和 1 个分母神经元；输出层神经元有 $r_{on}$ 个。因此，GRNN 的结构可以根据训练样本确定。

（2）算法步骤。

步骤 1：构建输入层神经元。

根据输入的特征向量，形成相应的输入层神经元，各个神经元是简单的分布单元，直接将输入向量传输给模式层，假定输入向量为 $\boldsymbol{A} = (a_1, a_2, \cdots, a_n)$，共有 $m$ 个样本，则输入层神经元数量应为 $n$ 个。

步骤 2：构建模式层神经元。

模式层神经元数量等于学习样本的数量，各神经元对应不同的样本，模式层神经元传递函数为

$$p_i = \exp\left[-\frac{(X - X_i)^{\mathrm{T}}(X - X_i)}{2\sigma^2}\right] \quad (i = 1, 2, 3, \cdots, m) \tag{4-11}$$

式中：$X$ 为网络输入变量；$X_i$ 为第 $i$ 个神经元对应的学习样本。

计算得到模式层的输出为 $\boldsymbol{P} = (p_1, p_2, \cdots, p_n)$。

步骤 3：构建求和层神经元。

求和层中有两个节点：第一个节点为每个隐含层节点的输出和；第二个节点为预期的结果与每个隐含层节点的加权和。假定最后负荷分类的结果为 $k$ 类，将模式层的结果输入，求和层的第一类节点输出和可由如下传递函数计算得到

$$S_D = \sum_i^m p_i \qquad (4-12)$$

另一类加权和节点结果可由模式层的输入与对应神经元的权值进行相乘求和得到，其传递函数如下

$$S_{Nj} = \sum_i^m y_{Nj} p_i \quad (j=1,2,\cdots,k) \qquad (4-13)$$

将上述输出传递到输出层神经元中，通过如下传递函数进行计算

$$y_j = \frac{S_{Nj}}{S_D} \qquad (4-14)$$

最终得到的输出结果为

$$Y = (y_1, y_2, \cdots, y_j, \cdots, y_k) \qquad (4-15)$$

式中：$Y$ 中每一个元素代表此输入对象分到各个类别之中的概率大小。

### 3. 概率神经网络（PNN）

（1）基本原理。概率神经网络（Probabilistic Neural Network，PNN）是基于统计原理的人工神经网络，是由径向基网络发展而来的一种前馈型神经网络模型[48]。PNN 以贝叶斯最小风险准则为理论依据，即错误分类的期望风险最小。它吸收了径向神经网络与经典概率密度估计原理的优点，相较于传统前馈型神经网络，特别适用于模式识别和分类。概率神经网络可以分为输入层、隐含层、求和层和输出层四部分，其结构如图 4-6 所示。

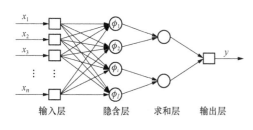

图 4-6　PNN 结构

（2）算法步骤。

步骤 1：构建 PNN 的输入层。

用于接收来自训练样本的值，将数据传递给隐含层，神经元个数与输入向量长度相等。

步骤 2：构建 PNN 的径向基层。

每一个隐含层的神经元结点拥有一个中心，该层接收输入层的样本输入，计算输入向量与中心的距离，最后返回一个标量值，神经元个数与输入训练样本个数相同。向量 $x$ 输入到隐含层，隐含层中第 $i$ 类模式的第 $j$ 神经元所确定的输入/输出关系由下式定义

$$\phi_{ij}(x) = \frac{1}{(2\pi)^{\frac{1}{2}}\sigma^d} e^{\frac{(x-x_{ij})(x-x_{ij})^T}{\sigma^2}} \quad (i=1,2,\cdots,k) \qquad (4-16)$$

式中：$d$ 为样本空间数据的维数；$x_{ij}$ 为第 $i$ 类样本的第 $j$ 个中心。

输出形式代表了不同模式下不同中心的计算结果，很好地表征了输入在数据样本中处于各个状态的可能性。

步骤 3：构建 PNN 的求和层。

求和层把隐含层中属于同一类的神经元的输出进行加权平均，即

$$v_i = \frac{\sum\limits_{j=1}^{L} \phi_{ij}}{L} \tag{4-17}$$

式中：$v_i$ 表示第 $i$ 类样本的输出；$L$ 表示第 $i$ 类的神经元个数，求和层神经元个数与类别数 $k$ 相同。

输出层取求和层中最大的一个作为输出的类别

$$y = \arg\max(v_i) \tag{4-18}$$

**4. 基于迁移—深度学习的负荷类型识别算法**

深度卷积网络是深度学习领域最常用的一类网络模型，适合处理图像等以矩阵方式存储的具有局部相关性的信息。由于构建一个性能良好的深度卷积网络通常需要大量样本数据，因此，深度卷积神经网络模型内存占用量高，传输耗时长。近年来，深度卷积网络在计算机视觉领域取得了显著的研究成果[49]，在图像分类领域也取得了令人瞩目的应用效果。就目前而言，与深度学习领域相关联的理论、模型、技术大量涌现。

随着"迁移学习理论"在卷积神经网络上的成功应用[50]，卷积神经网络的应用领域得到了进一步的扩展，卷积神经网络在各个领域不断涌现出来的研究成果，使其成为当前最受关注的研究热点之一。

为解决在业扩报装等工作中遇到的负荷类型归类问题，运用基于卷积神经网络和迁移学习的负荷类型归类算法。一方面，卷积神经网络保证了负荷归类模型的强学习能力；另一方面，迁移学习的引入保证了能够利用少量的有标签训练样本或者源领域数据，建立一个可靠的模型对目标领域数据进行预测。当新数据不断涌现时，已有的训练样本已经不足以训练得到一个可靠的分类模型，而标注大量的样本又非常费时费力，更新和导入负荷数据，能够克服由于人的主观因素造成出错的困境。

（1）方法原理。

1）卷积神经网络。卷积神经网络中的卷积操作和池化操作模拟了动物视觉神经中枢[51]。卷积神经网络中通过对图像等基于矩阵存储的输入数据进行逐层交替的卷积计算和池化计算，实现对数据的处理。通常将卷积神经网络中实现卷积计算和池化计算的网络层分别称之为卷积层和池化层。卷积神经网络基本结构如图 4-7 所示。

图 4-7　卷积神经网络基本结构

　　a. 卷积运算。卷积是矩阵的线性运算，主要用于实现对图像等输入数据的特征提取，获得并输出相应的特征图。卷积操作的计算过程相当于将矩阵 $A$ 中参与卷积的子区域与矩阵 $B$ 对齐，再将对应位置元素相乘并求和，具体过程如图 4-8 所示。将卷积核的移动设定为不同的步长，步长越大，则所得特征矩阵规模越小，且数据矩阵边界上元素对特征矩阵的贡献也越小，甚至会丢失部分边界信息。因此，通常进行填充操作，即在原始数据周围补充元素。

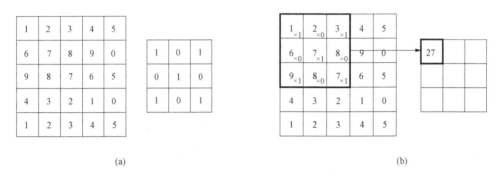

(a)　　　　　　　　　　　　　　　　　　　　　(b)

图 4-8　卷积计算示意图
(a) 输入矩阵 $A$ 与卷积核 $B$；(b) 元素相乘与求和

　　卷积操作在水平方向和竖直方向上设置不同的步长，具体地说，对于 $M \times N$ 阶数据矩阵，$m \times n$ 阶卷积核，假设填充圈数为 $p$，水平方向和竖直方向的步长分别为 $d_1$ 和 $d_2$，则特征矩阵的行数 $R$ 和列数 $C$ 分别为

$$R = \left\lfloor \frac{M+2p-m}{d_1} \right\rfloor + 1 \quad ; \quad C = \left\lfloor \frac{N+2p-n}{d_2} \right\rfloor + 1 \tag{4-19}$$

式中：$\lfloor \cdot \rfloor$ 表示向下取整，特征矩阵的行数和列数即为输入图片经过卷积计算后所得特征图的长和宽。

　　b. 池化操作。池化操作主要通过对特征图进行适当抽象去除特征图中不重要的信息，通常降低特征图的分辨率或对特性进行适当压缩以减少参数数量，并且突出有效的性特征信息。

　　c. 激活函数。在激活函数中，卷积神经网络通常使用 sigmoid、tanh 等函数，此类激活函数的梯度均小于 1，在网络中反向传播进行参数求解时会出现梯度消失的问题，从而导致模型退化。此外，sigmoid、tanh 等激活函数求导数较为复杂，激活函数 sigmoid 接近 0 时，导数变大；远离 0 时，函数趋于 0 或 1，导数几乎不变，在此范围内变量变化无法引起函数值的改变，即呈现饱和状态。用梯度下降训练时，饱和非线性比非饱和非线性要慢得多。因此，在使用大规模数据进行模型训练过程中，梯度计算会消耗太多时间。通常采用非线性函数 ReLU 作为激活函数，即

$$\text{ReLU}(x) = \max(0, x) = \begin{cases} 0 & x < 0 \\ x & x \geqslant 0 \end{cases} \tag{4-20}$$

　　对 ReLU 函数的导数非常简单，即若 $x < 0$，则 $\text{ReLU}'(x) = 0$，否则 $\text{ReLU}'(x) = 1$，

采用 ReLU 激活函数对参数梯度的求解非常简单，可有效降低梯度的计算时间。当 $x>0$ 时，ReLU 函数导数为 1，可有效避免激活函数带来的梯度消失问题。

d. 全连接层。卷积神经网络全连接层的作用是综合所有特征形成特征向量，并通过 softmax 层完成数据从特征空间到输出空间的映射，形成网络模型的最终输出，实现对机器学习任务的求解。由此可见，卷积神经网络同时具有特征提取和功能处理模块，将原始数据输入网络模型，便可完成对分类、预测等机器学习任务的求解。

2）迁移学习。近年来，迁移学习已经引起了广泛的关注，根据维基百科的定义，迁移学习是运用已有的知识对不同相关领域问题进行求解的一种新的机器学习方法[52]。它放宽了传统机器学习中的两个基本假设条件，目的是迁移已有的知识来解决目标领域中仅有少量有标签样本数据甚至没有的学习问题。迁移学习广泛存在于人类的活动中，两个不同的领域共享的因素越多，迁移学习就越容易。

这对于负荷数据来说也是类似的，某一区域内特定行业下用户的负荷特性与另一个发展水平相似的区域中相应行业的用户是具有共性的，利用已完成分析的区域作为先验知识，展开后续其他区域的训练分析，能有效提高学习的效率与准确率。

（2）方法步骤。

步骤 1：构建负荷特征向量。

根据负荷电力数据的实际情况，选取代表性最强的相关负荷特征，构建负荷特征向量为 $\boldsymbol{A}=(a_1, a_2, \cdots, a_n)$。

步骤 2：搭建卷积神经网络结构。

根据负荷特征构建具体情况与实际需要求解问题的复杂程度，合理设计卷积神经网络结构，具体见表 4-5。

表 4-5　　　　　　　　　　卷积神经网络结构设计

| 神经层类型 | 输出大小 | 神经元个数 |
|---|---|---|
| conv1d_1 (Conv1D) | (None, 64, 512) | 204 8 |
| activation_1 (Activation) | (None, 64, 512) | 0 |
| flatten_1 (Flatten) | (None, 32768) | 0 |
| dropout_1 (Dropout) | (None, 32768) | 0 |
| dense_1 (Dense) | (None, 2048) | 671 109 12 |
| dense_2 (Dense) | (None, 1024) | 209 817 6 |
| dense_3 (Dense) | (None, 99) | 101 475 |
| activation_2 (Activation) | (None, 99) | 0 |

Total params：69，312，611

Trainable params：69，312，611

Non - trainable params：0

步骤 3：引入迁移学习初始化神经网络。

通过利用相似对象的神经网络训练结果，对当前所需要训练的卷积神经网络各层级神经元的参数进行初始化操作，将此前训练学习得到的知识，迁移到一个新对象的训练过程中，完成迁移学习的过程。

步骤 4：训练卷积神经网络模型。

在初始化的权值参数的基础上，对当前网络进行训练迭代，根据损失函数不断对网络参数进行更新，完成网络的更新。

### 4.2.4 方法对比分析

#### 1. 数据（输入和输出）的来源过程

在进行上述细分行业负荷特性分析及行业画像分析时，已经对行业的多个用户负荷展开聚类操作，将某个行业用户分为多个类别，可认为一个类别对应该行业下具有共同特征的多个用户的用电模式，勾勒出该行业完整的负荷画像。那么，如何利用这个"行业画像"指导后续电网规划建设的工作就成为一个需要认真考虑的问题，其中对新进入电网的报装用户进行类型的识别，是后续一切工作展开的前提。因此，以收资得到的某一行业下的多个用户为数据基础，计算得到其具体的行业画像特征，对基于行业画像特征的用户负荷类型实现展开研究讨论，总结得到最后的实现流程如图 4-9 所示。

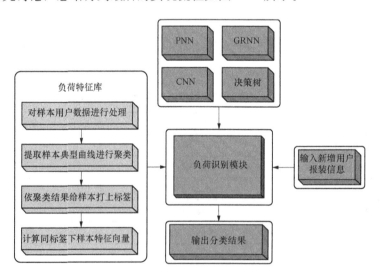

图 4-9 负荷识别实现路线

值得注意的是，传统报装中包含报装容量、行业、用户身份证明和用电地址等用户信息，这些信息很好地反映了用户在征信及地理位置等多个方面的实际情况，但在行业中进行负荷类型识别划分这一功能的实现上，还尚未存在不足。考虑到上述客观存在的状况，对新用户的报装信息提出新的要求。

目前，电力系统负荷特性指标在国际上还没有统一的标准，我国常用负荷率、峰谷差、平均负荷等 15 个指标分析各类用电负荷的特点和性质。考虑到模型识别的可靠性和准确性，从全天、峰期、平期和谷期选取日负荷率 $\alpha_1$、日最小负荷率 $\alpha_2$、日峰谷差率 $\alpha_3$、峰期负荷率 $\alpha_4$、谷期负荷率 $\alpha_5$、平期负荷率 $\alpha_6$ 作为用户接入时要求用户提供的报装参数。

此算例具体选取了某地区 350 个金属制品业用户，对用户提供的资料进行仿真构造。按上述步骤操作，对属于金属制品业的日负荷曲线进行降维运算，形成输入变量，从而完成新报装用户的负荷特征向量的构造。同时利用这些用户的典型日负荷曲线进行聚类，将该区域金属制品业区分为若干类，则认为该行业用户具有若干种用电模式，用户不同的用电模式即为用户的分类标签。实质上，用户识别的过程就是输入负荷特征向量，输出最后判定得到的具体分类标签。以本算例为例，可根据输入的用户数据，将该金属制品业用户分为七种典型用电模式，如图 4 - 10 所示。由图可见，type1、type5、type6、type7 呈现典型的"双峰"负荷曲线，其中，type1、type5 于午间出现明显的负荷跌落特征，type6、type7 午间负荷跌落不明显。此外，type2、type3 呈现较高的夜间负荷水平，凌晨时负荷出现大幅跌落；type4 可视为具有单峰特征，且负荷高峰时刻相对滞后。

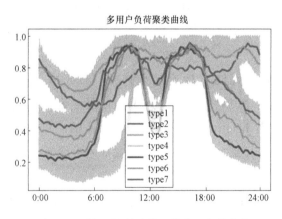

图 4 - 10  该金属制品行业的典型负荷曲线   查看彩图

### 2. CNN 模型的构建过程

考虑到输入神经网络的数据向量实际为含有六个特征量的一维向量，若选择构建二维图像利用 2D_CNN 进行处理，效果并不理想，故考虑选用 1D_CNN 作为应用的模型。因此，输入上述所提及的六个指标，对 350 个用户的数据进行计算得到最终的样本数据集，每个样本输入为（1×6×1）的向量，并选取训练集中部分用户样本的输入负荷特征向量以及输出的标签情况进行展示，实际情况见表 4 - 6。

表 4-6　　　　　　　　　　　　部分用户负荷特征向量及用电模式

| 用户序号 | 日负荷率 | 日最小负荷率 | 日峰谷差率 | 峰期负荷率 | 平期负荷率 | 谷期负荷率 | 所属类型 |
|---|---|---|---|---|---|---|---|
| 用户 1 | 0.704 591 | 0.360 147 | 0.639 853 | 1.127 99 | 0.684 489 | 1.180 91 | 3 |
| 用户 2 | 0.841 675 | 0.588 689 | 0.411 311 | 1.062 17 | 0.892 757 | 1.046 97 | 5 |
| 用户 3 | 0.560 804 | 0.073 711 | 0.926 289 | 1.275 74 | 0.447 936 | 1.276 26 | 4 |
| 用户 4 | 0.562 728 | 0.159 208 | 0.840 792 | 1.208 25 | 0.494 092 | 1.287 73 | 2 |
| 用户 5 | 0.520 247 | 0.154 692 | 0.845 308 | 1.144 7 | 0.443 963 | 1.381 71 | 6 |
| 用户 6 | 0.743 98 | 0.497 637 | 0.502 363 | 1.004 3 | 0.966 05 | 1.026 83 | 1 |
| 用户 7 | 0.651 012 | 0.314 225 | 0.685 775 | 1.194 23 | 0.574 572 | 1.227 09 | 7 |

考虑到此网络受输入向量大小的限制，选用的 1D_CNN 并没有设置池化层来降低输出的复杂度，仅由一个 1D_CNN 层、Fltatten 层便直接传送到 Dropout 层以及后续的全连接层完成最后的输出。

在 1D_CNN 层中，设置一个高度为 1 的过滤器。仅定义一个过滤器将允许神经网络学习第一层中的一个单一特征，但这明显是不能满足需求的。因此，将定义 512 个过滤器，允许在网络的第一层训练 512 个不同的特征。由输入向量大小和过滤数量可知，第一个神经网络层的输出是一个 6×512 的神经元矩阵。输出矩阵的每一列包含一个过滤器的权重。根据定义的内核大小和考虑输入矩阵的长度，每个过滤器将包含 6 个权重。

由于卷积（Convolution）层之后是无法直接连接全连接（Dense）层的，需要把 Convolution 层的数据压平（Flatten），然后才可以输入 Dense 层。也就是把（height，width，channel）的数据压缩成长度为 height × width × channel 的一维数组，然后再与全连接层（Fully Connected layer，FC 层）连接。因此需要加入一个 Flatten 层进行处理。

Dropout 层将随机分配权值 0 给网络中的神经元。这里选择了 0.4 的概率，也就是将有 40％的神经元获得 0 权值。通过这种操作，网络对数据中较小的变化不那么敏感[53]。这一层的输出仍然是 3072×1 个神经元矩阵。

最后连接三个全连接层——Dense 层，这里采用的是长度为 10 的 one-hot 编码对具体分类进行处理，即分别将 3072 个特征转化为 2048，再转化为 1024，最后降至 10 位进行输出，完成整个网络的构建。其中，每一个神经元的激活函数都统一选取为 ReLU 函数，且每次迭代次数为 50 次进行测试。

**3. 方法对比分析**

考虑到训练样本的大小对算法最终的处理效果有着重要的影响，在此设置了训练样本大小不同的几种场景进行讨论。具体而言，分别设置训练样本集大小为 3、17、31、101、

171、241 和 311 七种场景，并将 PNN、GRNN、决策树以及 CNN 四种不同算法应用于其中进行测试，且各个测试集的大小统一为 40 个样本，同时对其性能进行进一步的讨论，探讨其具体的识别准确率训练时间及识别时间，得到的具体结果如图 4-11～图 4-13 所示。

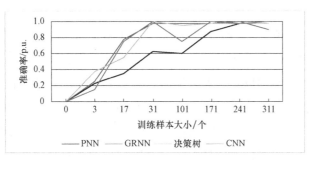

图 4-11　各个方法在不同大小样本下的识别准确率　　　　查看彩图

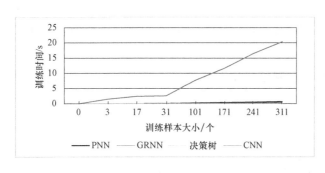

图 4-12　各个方法在不同大小样本下的训练时间　　　　查看彩图

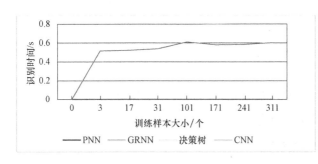

图 4-13　各个方法在不同大小样本下的识别时间　　　　查看彩图

从测试结果可看出，不同方法在大训练样本之下的准确率都处于较高水准，而在样本极小时，CNN 的准确率相较于其他方法是最低的。很显然，小样本的神经网络训练难以将数据整体特征表征出来，而随着训练样本的不断增大，CNN 方法整体的准确率逐渐得到了改善。从结果来说，在训练时间与识别时间上 CNN 相较于别的算法有着明显的劣势，同时 CNN 的训练结果具有一定的不确定性，整体效果不稳定，但在大训练样本下有着很好的表现。

### 4. 迁移学习实现

考虑到上述搭建的模型层数并不多，不是一个复杂的模型，在迁移学习的实现过程中，为了兼顾算法运行效率以及最终实现的效果，使用微调（Fine - tune）进行迁移学习模型的构建[54]。

根据上述搭建的模型，可以知道 CNN 模型的前几层为卷积层，后几层为全连接层。事实上，卷积层的作用在于提取数据的浅层边缘特征，全连接层的作用在于对前面提取的数据进行进一步分类。所以，在同一类问题中，如果输入的数据维度相同，那么提取浅层边缘特征的方式也是相似的。这就意味着在卷积层中，每个神经元的权重有着相近的值。Fine - tune 正是基于这一思想，利用已有的预训练模型，使迭代快速收敛，加速新模型的训练。更加重要的是，在目标域仅有少量样本的情况下，直接进行训练有很大的可能使得模型过拟合，而在预训练模型的基础上进一步对参数进行训练则可以改善过拟合的情况。具体实现过程如下：

（1）用大量样本对上述建立的神经网络进行训练，作为预训练模型，将每一层的权重保存到本地。

（2）建立一个完全相同的神经网络模型，从预训练模型中加载卷积层的所有参数，并在接下来的训练过程中锁定这些层，使得迭代的反向传播过程不会对这些参数进行更新。

（3）在训练过程中，与重新训练相比，Fine - tune 要使用更小的学习率。因为训练好的网络模型权重已经平滑，不希望太快扭曲它们。此外，在实际的训练过程中，会出现对测试集预测误差先下降到一个很低的数值，之后再缓慢上升的现象，这种现象一般被认为是过拟合。为了改善这种情况，在训练过程中引入提前停止的概念，将每一次迭代后的模型用于对测试集的预测，如果预测的准确率没有提升且这种情况持续发生 20 次，那么将停止对模型的训练。

（4）在模型收敛后，解除对前几层的锁定，再进行一定次数的训练，对模型进行更加精确的 Fine - tune，以期达到最优的预测效果。

### 5. 迁移学习与完整学习过程效果对比

为了评价迁移学习的效果，使用同样的数据分别进行完整学习和迁移学习，并从模型迭代收敛时间以及模型预测准确度两个方面对迁移学习效果作出评价。

下面给出两种模式下的学习情况。

（1）完整过程学习。完整过程学习损失曲线和准确率曲线如图 4 - 14、图 4 - 15 所示。

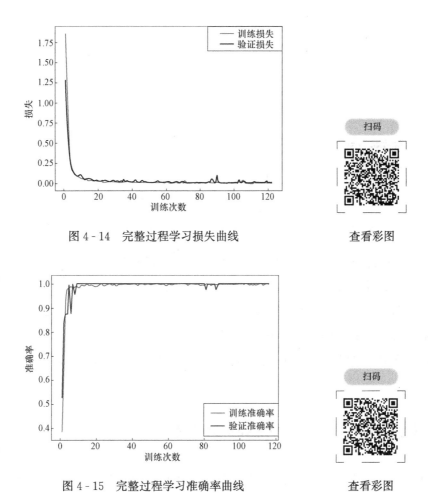

图 4-14    完整过程学习损失曲线                 查看彩图

图 4-15    完整过程学习准确率曲线               查看彩图

（2）迁移学习。迁移学习损失曲线和准确率曲线如图 4-16、图 4-17 所示。

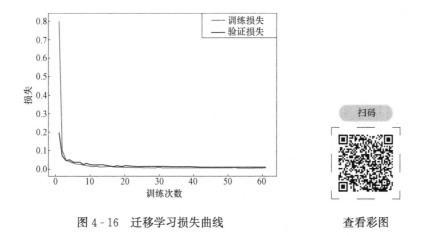

图 4-16    迁移学习损失曲线                     查看彩图

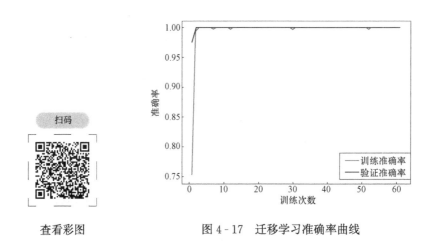

扫码

查看彩图

图 4 - 17　迁移学习准确率曲线

对以上数据进行分析，在相同的收敛条件下，完整过程学习迭代次数为 124 次，所需时间为 17.29s；迁移学习迭代次数为 61 次，所需时间为 8.52s。完整过程学习中损失曲线和准确率曲线都在不断波动，如果将其在平滑状态下收敛，则需要花费更多的时间，相比之下迁移学习的损失曲线和准确率曲线都较为平滑。

总之，迁移学习使得模型在达到相同准确率的前提下，所需训练时间减少，并使模型平滑收敛。

## 4.3　新报装用户的负荷预想画像技术

基于行业画像完成了用户负荷类型的识别后，可以对新报装的电力用户所属行业下的负荷类型进行归类，并根据该负荷类型的特征，进一步给出新电力用户负荷合理的预想画像，为业扩报装和配电网规划工作提供参考和依据。新报装用户的负荷预想画像技术由用户报装负荷计算及用户报装曲线预估两部分组成，其逻辑结构图如图 4 - 18 所示。

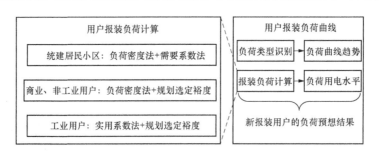

图 4 - 18　新报装用户负荷预想逻辑结构

### 4.3.1　用户报装负荷计算

用户报装负荷的计算情况十分多样，往往需要根据实际情况以及规划人员的经验判断对用户的计算负荷和配电变压器容量进行估算。对实际报装用户情况进行合理简化，并结合负荷特征库及行业画像研究成果，梳理总结出以下用户报装负荷计算方法。

### 1. 统建居民小区

统建居民小区供电的负荷计算，一般采用负荷密度法求取计算负荷，采用需要系数法求取变压器容量[55]。

计算负荷的公式为

$$计算负荷 = 住宅套数 \times 单套住宅负荷 \qquad (4-21)$$

住宅用户负荷密度见表4-7，根据情况进行选取。

表4-7                       住宅用户负荷密度表

| 住宅用户类型/m² | 单套住宅负荷/（kW/套） | 住宅用户类型/m² | 单套住宅负荷/（kW/套） |
|---|---|---|---|
| 建筑面积≤80 | 4 | 建筑面积121～150 | 8～10 |
| 建筑面积81～120 | 6 | 建筑面积>150 | 12～20 |

变压器容量的计算公式为

$$变压器容量 = 计算负荷 \times 需要系数 \qquad (4-22)$$

需要系数可以按照表4-8所给出的参数设定。

表4-8                 住宅、商业和办公用户需要系数表

| 用户数 | 需要系数 $K_d$ | 用户数 | 需要系数 $K_d$ |
|---|---|---|---|
| 1～3 户 | 1 | 125～259 户 | 0.4 |
| 4～8 户 | 0.9 | 260 户及以上 | 0.3 |
| 9～12 户 | 0.65 | 小区配套公共用电 | 0.5 |
| 13～24 户 | 0.5 | 商用用户 | 0.7～0.85 |
| 25～124 户 | 0.45 | 办公用户 | 0.7～0.8 |

### 2. 商业、非工业用户

商业、非工业用户一般也采用负荷密度法求取计算负荷，而变压器容量则根据规划人员选定的裕度进行计算。负荷密度表见表4-9。

表4-9                   商业和非工业用户负荷密度表

| 用户类型 | 负荷密度 | 用户类型 | 负荷密度 |
|---|---|---|---|
| 商用 | 按 100～120W/m²，特殊设备按实际负荷进行计算 | 医院 | 按 60～80W/m² 计算 |
| 办公 | 按 80～100W/m² 计算 | 文体中心 | 按 30～50W/m² 计算 |
| 宾馆 | 按 70～90W/m² 计算 | | |

计算负荷的公式为

$$计算负荷 = 建筑面积 \times 负荷密度 \tag{4-23}$$

考虑到需要给新报装用户的变压器留出一定裕度，则变压器容量为

$$变压器容量 = \frac{计算负荷}{1 - 裕度} \tag{4-24}$$

### 3. 工业用户

工业用户的计算负荷的求取较为复杂，一般采用实用系数法求取用户的计算负荷。计算负荷和变压器容量的计算公式为

$$计算负荷 = 报装容量 \times 实用系数 \tag{4-25}$$

$$变压器容量 = \frac{计算负荷}{1 - 裕度} \tag{4-26}$$

### 4.3.2 用户报装负荷曲线

在完成了报装的新电力用户的负荷类型识别后，根据该负荷类型的典型日负荷曲线，能够合理推测新电力用户具有相似的日负荷曲线趋势。而在完成用户报装负荷的计算后，则基本确定了新电力用户的负荷水平。因此，可根据行业画像中用户所属行业下对应负荷类型的用电模式及相应特征进行用户报装负荷曲线及其相关指标的预估和计算。

终期年份日负荷曲线可利用静态负荷模型进行预估，计算公式为

$$终期年份用户日负荷曲线 = 行业典型日负荷曲线 \times 用户计算负荷 \tag{4-27}$$

接入后某年日负荷曲线可利用动态负荷模型进行预估，计算公式为

$$接入后某年日用户负荷曲线 = 终期年份用户日负荷曲线 \times 接入后某年阶段系数$$

$$\tag{4-28}$$

为衡量用户负荷预想结果的有效性和可靠性，用误差绝对值百分比（Percentage of Absolute Error，PAE）指标对负荷预想结果 $L_e = [l_{e1}, l_{e2}, \cdots, l_{e96}]$ 与实际用户的负荷曲线 $L_a = [l_{a1}, l_{a2}, \cdots, l_{a96}]$ 的差距进行评价，计算公式为

$$PAE = \frac{\underset{i}{\mathrm{mean}}\{|l_{ei} - l_{ai}|\}}{\underset{i}{\max}\{l_{ai}\}} \times 100\% \tag{4-29}$$

### 4.3.3 应用示例

为了验证基于行业画像的用户负荷预估方法的准确性及有效性，在完成对金属制品业的行业画像的构建的基础上，随机选取若干未参与行业画像构建过程的用户作为新报装用户接入，对其报装信息进行合理补充。运用上述方法对这些用户进行类型识别及负荷预估，并与该用户实际负荷曲线对比其差异，以此评价该方法对新报装用户负荷预估与实际负荷的可行性。

**1. 行业画像构建**

首先选定某地区内的数据质量良好的 263 个金属制品业用户，通过上述方法完成了单一用户及细分行业的负荷特性分析，由此将该行业内的用电用户按照日负荷曲线趋势分为三种负荷类型，各个负荷类型的典型日负荷曲线如图 4-19 所示。

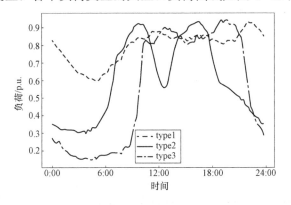

图 4-19　金属制品业各负荷类型典型日负荷曲线　　查看彩图

**2. 报装用户信息构建**

随机选取了 6 个金属制品业用户作为需要识别和预估的新报装用户，这批用户负荷均已释放完成，达到饱和状态后不再有明显增长。选取这批用户近一年的负荷数据，提取其典型日负荷曲线，结果如图 4-20 所示。

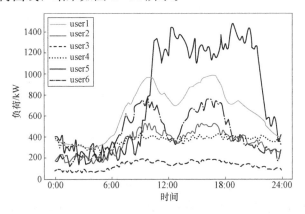

图 4-20　金属制品业用户典型日负荷曲线　　查看彩图

观察曲线的趋势及高峰和低谷负荷水平，按照所需报装信息的要求，对用户的报装信息进行合理补充。用户的报装信息见表 4-10。

表 4-10　　　　　　　　　　　　　　用户报装信息表

| 用户序号 | 所属行业 | 报装容量/kVA | 工作时间安排 | 生产设备功率/kW | 非生产设备功率/kW |
|---|---|---|---|---|---|
| 用户 1 | 金属制品业 | 1200 | 9：00～12：00<br>14：00～18：00 | 900 | 100 |

| 用户序号 | 所属行业 | 报装容量/kVA | 工作时间安排 | 生产设备功率/kW | 非生产设备功率/kW |
|---|---|---|---|---|---|
| 用户 2 | 金属制品业 | 700 | 9：00～12：00<br>14：00～20：00 | 400 | 100 |
| 用户 3 | 金属制品业 | 300 | 6：00～11：00<br>12：00～20：00 | 200 | 50 |
| 用户 4 | 金属制品业 | 500 | 0：00～24：00 | 400 | 0 |
| 用户 5 | 金属制品业 | 1500 | 8：00～20：00 | 800 | 400 |
| 用户 6 | 金属制品业 | 900 | 8：00～12：00<br>14：00～18：00 | 500 | 250 |

### 3. 用户负荷类型识别

对上述用户报装信息进行处理，利用相关公式计算负荷特征指标，得到各个用户的特征指标向量，并运用训练完成的卷积神经网络负荷类型识别算法对各个用户的类型进行归类，结果见表 4-11。

表 4-11　　　　　　　　　商业和非工业用户负荷密度表

| 用户特征 | 负荷率 | 日最小负荷率 | 日峰谷差率 | 峰期负荷率 | 平均负荷率 | 谷期负荷率 | 用户分类 |
|---|---|---|---|---|---|---|---|
| 用户 1 | 0.651 012 | 0.314 225 | 0.685 775 | 1.194 232 | 0.574 572 | 1.227 089 | 2 |
| 用户 2 | 0.657 261 | 0.275 794 | 0.724 206 | 1.176 121 | 0.629 37 | 1.192 466 | 2 |
| 用户 3 | 0.697 854 | 0.370 033 | 0.629 967 | 1.138 956 | 0.656 877 | 1.196 921 | 2 |
| 用户 4 | 0.842 059 | 0.573 873 | 0.426 127 | 1.086 292 | 0.885 118 | 1.035 001 | 1 |
| 用户 5 | 0.541 258 | 0.101 58 | 0.898 42 | 1.274 064 | 0.436 099 | 1.288 084 | 3 |
| 用户 6 | 0.552 38 | 0.171 719 | 0.828 281 | 1.170 985 | 0.527 596 | 1.286 927 | 2 |

### 4. 用户负荷预估

在完成用户的负荷类型识别后，可按照上述方法，根据报装信息和对应负荷类型的典型日负荷曲线对用户负荷大小和曲线进行预估，将各个用户预估结果与实际负荷曲线进行对比，结果如图 4-21 所示。各用户负荷预估结果与实际负荷曲线对比结果见表 4-12。

表 4-12　　　　　　　　　负荷预想结果与实际负荷曲线对比

| 用户特征 | 静态负荷模型预想结果/（%） | 动态负荷模型预想结果/（%） | | | | |
|---|---|---|---|---|---|---|
| | | 第一年 | 第二年 | 第三年 | 第四年 | 第五年 |
| 用户 1 | 9.65 | 11.31 | 13.68 | 14.19 | 10.57 | 9.65 |
| 用户 2 | 8.72 | 10.27 | 14.72 | 17.17 | 15.62 | 8.72 |
| 用户 3 | 8.69 | 10.37 | 9.62 | 12.13 | 10.65 | 8.69 |

续表

| 用户特征 | 静态负荷模型预想结果/（%） | 动态负荷模型预想结果/（%） | | | | |
|---|---|---|---|---|---|---|
| | | 第一年 | 第二年 | 第三年 | 第四年 | 第五年 |
| 用户4 | 6.84 | 10.57 | 8.42 | 11.08 | 15.88 | 6.84 |
| 用户5 | 5.54 | 18.10 | 15.89 | 16.27 | 10.43 | 5.54 |
| 用户6 | 4.55 | 8.17 | 9.82 | 12.19 | 6.52 | 4.55 |
| 均值 | 5.88 | 11.47 | 12.03 | 13.84 | 11.61 | 5.88 |

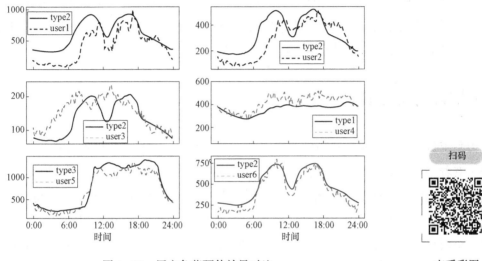

图 4-21 用户负荷预估效果对比

扫码

查看彩图

通过观察能够看出，用户 4、5、6 的预估效果最好，负荷水平基本一致，负荷趋势重合度高。而用户 1、2、3 的负荷趋势预估结果与实际情况相似，但时间上出现了左右偏移等情况。后续将考虑用户提供的报装信息，根据用户工作时间安排对预估结果进行时间上的偏移修正，根据用户设备容量大小对预估结果高峰和低谷进行水平上的修正。

# 5 影响用户负荷特性的关键因素

随着我国经济的发展与产业结构的调整，电网用电结构及负荷类型也相应地发生了改变，分析电网负荷变化的影响因素是把握电力系统负荷特性不可或缺的一部分，为电力电量平衡、电网电源及电网调频调峰规划提供了可靠依据。

## 5.1 影响负荷变化的因素

电力系统负荷具有周期性和随机性的特点，与气象、社会经济、电价政策、节假日等多种因素有着密切且复杂的关系[56]。一方面，负荷按照其特定趋势随时间有规律地发展变化，即呈现出周期性变化和逐年增长的总趋势；另一方面，负荷受诸多因素的综合影响，极易因各种因素的变化而发生一定的波动。因此，对电力系统负荷和影响负荷特性的各种因素进行全面分析，掌握负荷的变化规律及发展趋势，为电力电量平衡、电网电源及电网调频调峰规划提供可靠依据。

### 5.1.1 气象因素

我国幅员辽阔，气温气候的地域差异性大，而且不同地区气温气候对负荷的影响程度也大不相同。因此，很难在较大地域范围内获得气温气候对负荷影响程度一致性的结论。但总的来说，随着电力负荷中气温敏感性负荷比例的增加，气温气候已成为影响地区负荷的重要因素之一[57]。

另外，由电力负荷的构成分析可以看出，电力负荷还具有明显的季节性特点[58]。在比较温和的春秋季节，由于温度、天气状况适合人们的工作和生活，这两季的负荷受天气影响程度较低。如果不考虑经济发展的影响，夏季和冬季的负荷一般来说要高于春秋季的用电负荷，夏季的用电负荷又要高于冬季的用电负荷，这与各类用电负荷的季节性相关，所以常常讨论的是有典型意义的夏季与冬季的负荷情况。

### 5.1.2 社会经济因素

由于电力的社会属性，负荷预测工作会受到不同因素的多重影响。其中，社会经济因素的影响尤为明显，它在很大程度上决定了电力负荷的变化发展情况[59]。社会经济因素对电力负荷的影响包括两方面：一是地区经济的发展水平决定了电力需求的增长速度，经济是电力发展的第一推动力，地区经济发展水平的高低、经济效益的好坏将直接影响电网负荷的变化趋势；二是经济结构的调整影响着电力结构的变化[60]。在重工业发展初期，国家大力推进工业化，第二产业经济占据着国民经济的主导地位，其用电量占全社会用电量比例逐年上升；之后，随着改革开放步伐的加快，以及受科技革命的冲击，作为支柱产业的工业开始向高产低耗型发展模式转变，第二产业用电量所占比例呈现递减趋势，而第三产业及居民生活用电大幅增加。总之，随着经济结构由"二三一"向"三二一"方向转变，电力负荷内部结构发生了巨大变化。

同时，随着我国经济的高速发展，人民生活水平有了较大提高，城乡居民可支配收入也有了大幅提升。人们的消费观念和生活方式发生了深刻的变化，逐渐由温饱型向舒适型转变[61]。总的来说，居民收入水平和消费观念改变对电力负荷的影响主要体现在以下几个方面：

（1）城乡居民收入水平的提升，对提高居民生活用电有着极大的推动作用。收入水平和生活水平的提高与经济发展水平密切相关，而家用电器普及率是反映生活水平的重要指标。由于生活水平的改善，人们拥有家用电器量越来越多，居民生活用电占全社会用电比例逐年上升，且居民生活用电具有较强的作息规律性。因此，会对电网负荷曲线的稳定性产生一定影响。

（2）消费观念的改变，对居民家用电器的结构变化影响很大。传统的电视机、冰箱等家用电器日趋饱和；而新兴的空调、采暖器、计算机等高科技产品的家庭拥有量急剧上升，占据了居民生活用电的主要部分。空调、采暖器等电器负荷表现出较强的季节性，尤其是峰谷差、负荷率等特性指标，严重影响了电网负荷曲线的波动规律。制冷负荷、制热负荷占电力负荷比例逐年攀升，使得负荷变化受气温气候不确定因素的影响程度越来越大。

### 5.1.3 电价因素

2015 年 3 月，国务院下发了中共中央 9 号文件《关于进一步深化电力体制改革的若干意见》（以下简称"9 号文"），正式启动了我国新一轮的电改。"9 号文"提出了"管住中间、放开两头"的体制架构，居民和工业电价受到了相应的影响，部分受电价影响敏感的用户的负荷特性出现了不同程度的变化。

电价改革在连接电力供给和居民用户中起到重要的作用，对居民的用电需求具有极为重要的影响[62]。合适的电价水平和价格政策的实施，可以在一定程度上起到经济杠杆的作用。从经济角度允许居民合理调整用电结构和用电需求，达到削峰填谷的目的。为了缓解电力供应与居民用电需求之间的矛盾，通过合理的电价引导居民用电需求，使居民获得相应的价格和激励补偿，同时优化用电结构，使电力负荷平稳运行，对提高电能效率、降低电力的供应成本和建设节约型社会都具有深远的意义。

合理的电价水平能够满足用户基本用电需求，节省企业用电成本，保障用户用电不受影响，促进全民参与节能减排，提高电能资源的优化配置，调节电网峰谷差，实现削峰填谷和能源节约。

### 5.1.4　节假日因素

时间以社会作息状态区别分为工作日和节假日。

节假日主要包括周末，及以时间为序的各类节日：元旦、春节、清明假、五一国际劳动节、端午节、十一国庆节和中秋节。节假日因素对负荷特性的影响主要集中在第二产业的工业和建筑业及第三产业的商业、住宿与餐饮业等[63]。工作日，工人们都开工生产，第二产业负荷比例较大，且明显比节假日高很多。而到了节假日，第二产业负荷急剧减少，第三产业住宿、餐饮业、居民服务业等与工作日相比负荷明显升高。但一般情况下，一个地区工业用电量比例较大，所以一般工作日负荷比节假日负荷值要大。

由于节假日的变动都以年为周期周而复始地轮回，所以其影响主要体现在日、月负荷特性指标上。如节假日，人们的娱乐活动增加，住宿、餐饮业负荷比例加大；春节期间的除夕夜，城镇及乡村居民生活用电将达到一年中城镇居民生活用电的最高峰。通常可以通过节假日与工作日负荷曲线对比分析节假日负荷特性。

某用户正常日与节假日负荷特性曲线对比如图 5-1 所示。可见，全年所有节假日均表现出与正常日截然不同的负荷特性，日负荷曲线不呈明显的"三峰三谷"。其中，正常日与休息日的日负荷曲线波动性相似，负荷水平最高；除夕与春节的日负荷曲线波动性相似，负荷水平最低。

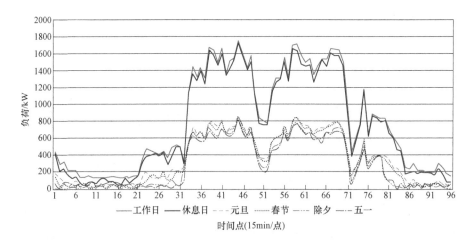

查看彩图

图 5-1　某用户正常日与节假日负荷特性曲线对比

## 5.2　影响负荷变化关键因素的分析方法

### 5.2.1　影响用户负荷特性关键因素的分析方法

用户的日负荷曲线直观展示了该负荷的特性，其基本特征是波动性，作为典型的时间序列，其波动原因可概括归结为四种：趋势变动、季节变动、循环变动和不规则变动[64]。对于需求侧进行负荷短期分析，较系统侧来说，波动性更多表现为不规则变动，即负荷与其众多的影响因素之间呈现复杂的非线性关系。传统负荷分析一般从电网负荷总量上分析负荷变化规律，而忽略了用户用电规律本身，因此分析结果会存在一定偏差。

为了更准确地探求用户负荷特性的变化规律，需要确定其变动的主要影响因素，建立负荷有效分类，判断用户是否受气象因素或电价因素的影响。需求侧电力负荷基数较小，一些细微的负荷变动会对整个负荷曲线产生明显波动，而天气、季节、生产计划和分时电价等负荷特性因素，会对需求侧用户的负荷产生较明显的影响[65]。因此，本节将重点分析气象因素和电价因素对用户负荷特性的影响，探究用户负荷曲线的变化规律。

#### 1. 用户负荷特性与气象因素分析方法

对于大工业用户，其用电负荷大致由以下四类负荷组成：基本保障负荷 $L_t$、生产计划负荷 $L_c$、气象敏感负荷 $L_s$ 和随机负荷 $L_r$。基本保障负荷是指每日基本固定不变的基础电力负荷，此类负荷应该重点保障，以维持正常工作生产；生产计划负荷主要是生产类企业运行大负荷生产设备产生的负荷，一般依据分时电价进行开机计划控制；气象敏感负荷主要是以空调等调温负荷为主，受气象因素的影响，可以进行直接负荷控制或者柔性负荷控制；随机负荷由使用规律性不强的小负荷组成，所占比例很小。因此，电力负荷模型可以写成

$$L = L_t + L_c + L_s + L_r \tag{5-1}$$

某个用户一年内不同气温下的负荷曲线如图 5-2 所示，可以看出该用户受气象因素影响明显，不同气温下负荷曲线存在明显差异。无论在哪种情况下，该用户的负荷曲线形态都是双峰型的，说明气象因素的变化会影响该用户某个时间段的用电量，而对用户的用电习惯影响较小。

（1）特定气象日的选取。本节引入人体舒适度指标来分析气象因素对用户用电行为的影响。人体舒适度指标是日常生活中较为常用的表征人体舒适度的指标，主要取决于气温、湿度与风速 3 个指标[66]。气温是判断气候舒适度的主要指标，湿度和风速是辅助指标。人类在大气环境中活动，经受着气象要素的综合作用，人们通常用气温高低来表示环境冷热，人体感觉不舒适，则会产生相应的应激反应。人类与大气环境之间无时无刻不在进行着能量交换，人体通过自身体温调节中枢使体温维持恒定。人体舒适度正是以人类机体与近地大气之间的热交换原理为基础，从气象学角度评价人类在不同天气条件下舒适感的一项生

物气象指标，在城市环境气象服务中具有重要地位。

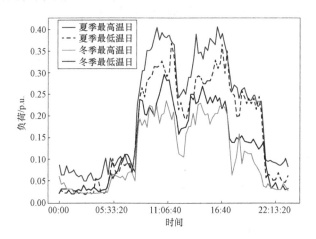

查看彩图　　　　　　　图 5-2　某用户一年内不同气温下的负荷曲线图

基于人体舒适度指标选取一年中特定气象日的负荷曲线[67]，分别是夏季最舒适日、夏季最不舒适日、冬季最舒适日和冬季最不舒适日。使用人体舒适度（$C_{ssd}$）来衡量综合气象因素对人体感受的影响，其计算公式为

$$C_{ssd} = (1.818T + 18.18) \times (0.88 + 0.002H) + \frac{T-32}{45-T} - 3.2V + 18.2 \quad (5-2)$$

式中：$T$ 为日平均气温；$H$ 为相对湿度；$V$ 为风速。

其中人体舒适度指标等级见表 5-1。

表 5-1　　　　　　　　　　　人体舒适度指标等级划分

| 指标 | 级别 | 说明 |
|---|---|---|
| $C_{ssd} < 0$ | −4 | 很冷，感受极不舒服，注意保暖防寒，防止冻伤 |
| $0 \leqslant C_{ssd} < 10$ | −3 | 冷，大部分人感受不舒服，注意保暖防寒 |
| $10 \leqslant C_{ssd} < 20$ | −2 | 微冷，少部分人感受不舒服，注意保暖 |
| $20 \leqslant C_{ssd} < 24$ | −1 | 较舒服，大部分人感受舒服 |
| $24 \leqslant C_{ssd} < 27$ | 0 | 舒服，绝大部分人感受很舒服 |
| $27 \leqslant C_{ssd} < 30$ | 1 | 较舒服，大部分人感受舒服 |
| $30 \leqslant C_{ssd} < 32$ | 2 | 微热，少部分人感受很不舒服，可适当降温 |
| $32 \leqslant C_{ssd} < 34$ | 3 | 热，大部分人感受很不舒服，注意防暑降温 |
| $34 \leqslant C_{ssd}$ | 4 | 酷热，感受极不舒服，注意防暑降温，以防中暑 |

（2）相关性分析。计算相关性系数分析在特定气象日下的负荷曲线与气象因素（包括温度、湿度和风速）之间的相关性，可用简单相关系数 $r$[68] 来度量这两种变量之间的关系，其计算公式为

$$r = \frac{\mathrm{cov}(L, T)}{\sqrt{\mathrm{var}(L)}\ \sqrt{\mathrm{var}(T)}} \tag{5-3}$$

式中：$L$ 为特定气象日和负荷曲线数据；$T$ 为特定气象日的气象数据；$\mathrm{cov}(L, T)$ 为 $L$ 与 $Y$ 的协方差；$\mathrm{var}(L)$ 为 $L$ 的方差；$\mathrm{var}(T)$ 为 $T$ 的方差。

（3）用户气象敏感负荷计算。由于受气象因素影响而导致个人用电习惯改变的负荷，如空调负荷、电扇负荷、空气净化器负荷等，这部分负荷是可变负荷。当气象因素使人体感到不适时，将大量启用空调负荷等气象敏感负荷来调节气温。

假设在夏季或者冬季时，当人体舒适度指标达到最舒适的时候，用户此时的负荷只有基本保障负荷、生产计划负荷和随机负荷；而当人体舒适度指标达到最不舒适的时候，用户此时的负荷有基本保障负荷、生产计划负荷、气象敏感负荷和随机负荷，即

$$L_1 = L_t + L_c + L_r \tag{5-4}$$

$$L_2 = L_t + L_c + L_s + L_r \tag{5-5}$$

式中：$L_1$ 和 $L_2$ 分别表示最舒适日总负荷和最不舒适日总负荷。

因此，气象敏感负荷 $L_s$ 可以由下式推算出

$$L_s = L_1 - L_2 \tag{5-6}$$

选取某用户在 2018 年夏季两天特定气象日的负荷曲线为例，如图 5-3 所示，可以得出该用户夏季的气象敏感负荷。

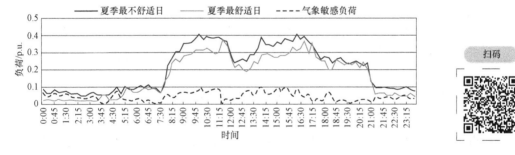

图 5-3　某用户 2018 年夏季两天特定气象日的负荷曲线图　　　　查看彩图

### 2. 用户负荷特性与电价因素分析方法

电价作为电力市场最有效的经济调节杠杆之一，也是需求侧管理的重要手段。分时电价是我国当前引入需求侧管理的重要措施之一[69]，体现了电能在负荷高峰时作为短缺商品的价值。运用价格引导用户，根据自身生产方式的可调节性和利益改变用电方式，进而影响系统负荷。

峰谷分时电价是一种价格型的需求响应策略。合理的峰谷分时电价能为用户提供有效的价格信号或价格激励，从而起到削峰填谷、节能减排的作用。分析阶梯电价下用户的用电量与电价之间的关系，构建需求响应函数。

用户用电的需求响应是指当用电价格发生变化时，电力市场中的用户会响应价格信号

或激励机制，用户会对影响自身用电的各类因素着重分析，根据利己原则调整用电习惯和用电方式，从而改变用电结构的过程，这就是峰谷分时电价需求响应的行为过程。

（1）分时电价政策。不同地区的分时电价政策不尽相同，峰谷时段的划分也各有差异，下面以某市的分时电价为例，分析该市的电价政策。具体价目表见表 5-2。

表 5-2　　　　　　　　　　某市电价价目表　　　　　　单位：分/kWh（含税）

| 用电分类 | | 基础（平段）电价 | 低谷电价 | 高峰电价 |
|---|---|---|---|---|
| 一、大工业 | | | | |
| （一）基本电价 | 变压器容量（元/kW·月） | 23.00 | | |
| | 最大需量（元/kW·月） | 32.00 | | |
| （二）电度电价 | 1~10kV | 61.04 | 30.52 | 100.72 |
| | 20kV | 60.72 | 30.36 | 100.19 |
| | 35~110kV | 58.54 | 29.27 | 96.59 |
| | 220kV 及以上 | 56.04 | 28.02 | 92.47 |
| 二、一般工商业电度电价 | 不满 1kV | 67.25 | 33.63 | 110.96 |
| | 1~10kV | 64.75 | 32.38 | 106.84 |
| | 20kV | 64.34 | 32.17 | 106.16 |
| | 35kV 及以上 | 62.25 | 31.13 | 102.71 |
| | 地铁电价 | 57.55 | — | — |
| 三、稻田排灌、脱粒电度电价 | | 38.11 | — | — |
| 四、农业生产电度电价 | | 62.71 | — | — |

该市峰谷时段的划分方案见表 5-3，工业用户和居民用户的峰谷时段划分有所差异，例如工业用户在上午 9：00~12：00 属于高峰时段，而对于居民用户则属于平时段。因为在执行分时电价的用户中，工业用电占据了主要部分，且工业用电负荷在总负荷中占比最高，所以主要分析不同工业用户的用电行为对电价的敏感程度和工业用电执行分时电价对负荷特性的影响。

表 5-3　　　　　　　　　　某市峰谷时段划分方案

| 用户 | 时段 | 划分方案 |
|---|---|---|
| 工业峰谷时段 | 高峰 | 9：00~12：00；19：00~22：00 |
| | 低谷 | 0：00~8：00 |
| | 平段 | 8：00~9：00；12：00~19：00；22：00~24：00 |
| 居民峰谷时段 | 高峰 | 14：00~17：00；19：00~22：00 |
| | 低谷 | 0：00~8：00 |
| | 平段 | 8：00~14：00；17：00~19：00；22：00~24：00 |

由表 5-2 及表 5-3 可以绘制该市一般工商业的分时电价方案图，如图 5-4 所示。

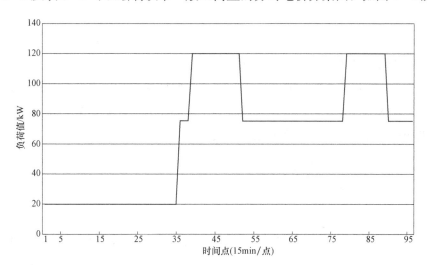

图 5-4　某市分时电价方案图

（2）相关性分析指标。

1）最大信息系数[70]。最大信息系数（Maximal Information Coefficient，MIC）从互信息（Mutual Information，MI）的基础上发展而来，具有公平性和广泛性。互信息可以衡量变量之间的非线性依赖程度，两个变量之间互信息越大，相关性越强。MIC 克服了互信息对连续变量计算不便的缺点，更能体现属性之间的关联程度。

对于一个二元数据集 $D \in R^2$，将 $D$ 划分为 $x$ 列 $y$ 行的网格。对于划分的网格 $G$，计算 $G$ 中的每个单元的概率，得到二元数据集 $D$ 在网格 $G$ 上的概率分布 $D \mid_G$。求得其最大互信息 $\max I(D \mid_G)$，将其保存为 $I^*[D(x, y)]$，即

$$I^*[D(x,y)] = \max I(D \mid_G) \qquad (5-7)$$

将其得到的互信息标准化，并求出最大互信息系数如下

$$M(D)_{x,y} = \frac{I^*[D(x,y)]}{\lg\min\{x,y\}}$$

$$\text{s. t. } xy < B(n) \qquad (5-8)$$

$$F(D)_{\text{MIC}} = \max_{xy < B(n)} \{M(D)_{x,y}\} \qquad (5-9)$$

式中：$n$ 为采样样本大小；$B(n)$ 是关于采样样本大小的函数，表示网格 $G$ 划分方格总数 $xy$ 的约束，需小于 $B(n)$，一般 $B(n) = n^{0.6}$。

从本质上来讲，MIC 是一种归一化的最大互信息，取值区间为 $[0, 1]$。两个变量之间的 MIC 值越大，则其相关性越强；MIC 值越小，相关性越弱。

2）Pearson（皮尔森）相关系数[71]。Pearson 相关系数分析法为负荷特性指标间相关系数的求取法。

设两个随机变量为 $X$ 和 $Y$，则两变量总体的相关系数为

83

$$\rho = \frac{\text{cov}(X,Y)}{\sqrt{\text{var}(X)}\,\sqrt{\text{var}(Y)}} \tag{5-10}$$

式中：cov（$X$，$Y$）为两变量的协方差；var（$X$）、var（$Y$）分别为变量 $X$ 和 $Y$ 的方差，总体相关系数是两变量之间相关系数的一种度量。

但事实上，总体相关系数一般都是未知的，需要用样本相关系数来估计。针对电力负荷特性指标，设 $X = (x_1, x_2, \cdots, x_n)$，$Y = (y_1, y_2, \cdots, y_n)$ 分别来自负荷特性指标 $X$ 和 $Y$ 的两个时间序列，则指标间的相关系数 $r$ 为

$$r = \frac{\sum\limits_{i=1}^{n}(x_i - \overline{x})(y_i - \overline{y})}{\sqrt{\sum\limits_{i=1}^{n}(x_i - \overline{x})^2(y_i - \overline{y})^2}} \quad (i = 1,2,\cdots,n) \tag{5-11}$$

式中：$\overline{x}$ 与 $\overline{y}$ 表示 $X$ 与 $Y$ 序列的均值；负荷特性指标数据样本相关系数 $r$ 是指标总体相关系数 $\rho$ 的一致估计量。

$r$ 取值在 $[-1, 1]$ 之间，它描述了两负荷特性指标线性相关的程度和方向：$r > 0$ 时，两负荷特性指标之间为正相关；$r < 0$ 时，两负荷特性指标之间为负相关；$r = \pm 1$ 时，两负荷特性指标之间完全相关；$r = 0$ 时，表示两负荷特性指标之间不存在线性相关。依据经验，在说明负荷特性指标之间线性相关程度时，根据相关系数的大小，将相关程度分为以下几种情况：$|r| \geqslant 0.8$ 时，可视为负荷特性指标之间高度相关；$0.5 \leqslant |r| \leqslant 0.8$ 时，可视为负荷特性指标中度相关；$0.3 \leqslant |r| \leqslant 0.5$ 时，视为负荷特性指标低度相关；$|r| \leqslant 0.3$ 时，负荷特性指标之间的相关程度极弱，可视为不相关。依据相关系数的大小确定负荷特性指标间的相关程度并进行排序，去除不相关指标。

3）欧式距离。距离度量（Distance）用于衡量个体在空间上存在的距离，距离越远说明个体间的差异越大。欧氏距离是最常见的距离度量，衡量的是多维空间中各个点之间的绝对距离，公式为

$$\text{dist}(X,Y) = \sqrt{\sum\limits_{i=1}^{n}(x_i - y_i)^2} \tag{5-12}$$

### 5.2.2 影响地区负荷特性关键因素的分析方法

#### 1. 单因素影响分析方法

（1）基于数据关联性的定性分析方法。尽管负荷特性指标间有其物理意义上的数量关系，但是对于任意两个负荷特性指标间的直观变动关系，或者负荷特性指标数据间的联动关系及通过一个或几个指标是否有可能判别另一指标的变动规律，也或者是某一负荷特性指标的变动是否依赖于另一个或几个指标等关系依然有待深入分析。本小节依据系统运行特性分析电力负荷特性指标间的相关、联动关系，挖掘隐藏在负荷特性指标数据间的变化规律。对判别电力系统负荷特性变化趋势，把握电网用电结构、用电模式等状况信息有重

要意义。为分析电网运行方式与工作状态，平衡电力电量需求及电网电源规划提供可靠的依据。

电网负荷特性统计指标之间都存在着联系，这种联系一般都可以通过一定的数量关系体现出来，并归纳起来。负荷特性指标间的这种数量关系可分为两种类型：一种是确定性关系，称函数关系；另一种是不确定性关系，即相关关系。负荷特性指标间的函数关系由电网生产运行的规律及负荷特性指标的定义等物理特性而定，而相关关系反映的是所研究变量间的相关形式及相关程度；或是当一个变量变化时，另一个变量随之发生相应变化的规律，且这种变化的数值是不确定的。所以，初步地寻求电网负荷特性指标的这种不确定性关系，可以通过对负荷特性指标进行相关性分析，求取负荷特性指标数据间的相关系数来确定。

负荷特性指标数据相关性分析是希望通过数据挖掘技术挖掘隐藏在统计指标数据中的内在规律。多数情况下，相关分析都是在两两指标之间进行的，这就需要用到二元变量的相关性分析。不同类型的变量数据，应采用不同的相关分析方法，由于电网负荷统计指标进行相关性分析时，负荷特性指标一般都为数值变量，所以选取 Pearson 相关系数分析法为负荷特性指标间相关系数的求取法。

（2）基于回归模型的定量分析方法。辨别有因果关系的变量间的数量关系，通常用来寻找这种关系方程的统计方法为回归分析方法。在统计学上，回归分析分为线性回归分析和非线性回归分析。

用户负荷特性和影响因素间的不确定关系方程，可以通过回归分析得出一个函数来近似表示，以帮助人们认识其内在规律与其本质属性。函数关系模型具体的构建步骤如下：

步骤1：绘制因变量负荷特性指标与响应因素的散点图。

步骤2：通过散点图判别因变量负荷特性指标与影响因素间的大致函数关系模型。

步骤3：运用最小二乘法辨别模型参数。

步骤4：得出因变量负荷特性指标与自变量高相关性影响因素的回归关系模型。

（3）基于散点图判别函数关系模型。

1）散点图判别。负荷特性与影响因素之间的数量关系是不确定的，它可能是线性的，也可能是非线性的。散点图是在初步确定多变量数学关系模型时常用的一种方法，它在不主要考虑时间变动的状态下，通过用分布的散点来表示两个变量数据的分布情况。在选取负荷特性与影响因素回归模型之前，通过绘制因变量负荷特性指标与自变量具有高相关性影响因素之间的散点图初步确定其函数关系。

2）常用一元回归模型。对于一个因变量指标与一个自变量指标，通常可以用以下几种常用的回归模型进行拟合，见表5-4。

表 5-4                                            常 见 的 回 归 模 型

| 序号 | 模型名称 | 模型表达式 |
|---|---|---|
| 1 | 线性模型 | $y=a+bx$ |
| 2 | 指数模型 | $y=ae^{bx}$ |
| 3 | 对数模型 | $y=a+b\ln x$ |
| 4 | 双曲线模型 | $y=a+\dfrac{b}{x}$ |
| 5 | 幂函数模型 | $y=ax^b$ |
| 6 | 抛物线模型 | $y=a+bx+cx^2$ |
| 7 | 高阶多项式模型 | $y=a_0+a_1x+a_2x^2+\cdots+a_nx^n$ |

以上几种常用的回归模型在数学上都有其固定的函数曲线，通过观察负荷特性指标与高相关性影响因素之间的散点图，确定因变量负荷特性指标与单个自变量影响因素间的大致回归模型。将每一个具有联动关系的负荷特性指标定为因变量指标，选取上一节关联规则分析结果中对其具有高相关性的影响因素作为自变量（包括有多个自变量）指标，先从散点图判别各个自变量与因变量指标的回归关系模型，然后再依据各单变量指标的回归模型分析具有多个自变量指标的回归关系模型。

（4）基于最小二乘法辨识函数关系模型参数。运用最小二乘法估计具有联动关系的负荷特性指标函数关系模型参数。

最小二乘法（又称最小平方法）是一种数学优化技术，通过最小化误差的平方和寻找数据的最佳函数匹配。利用最小二乘法可以简便地求得统计指标各参数，并使这些求得的数据与实际数据之间误差的平方和最小。

考虑通常的线性回归情形，有数据 $(x_i, y_i)$，$i=1, 2, \cdots, n$，要使样本回归线上的点 $\hat{y}_i$ 与真实观测点 $y_i$ 的总体误差尽可能小，或者说被解释变量的估计值与观测值应该在总体上最为接近。通常的最小二乘法（Ordinary Least Squares，OLS）给出的判断标准是二者之差的平方和 $Q$ 最小，表达式为

$$Q = \sum_{i=1}^{n}(y_i - \hat{y}_i)^2 = \sum_{i=1}^{n}[y_i - (\hat{\beta}_0 + \hat{\beta}_1 x_i)]^2 \tag{5-13}$$

即在给定的样本观测值之下，选择出 $\hat{\beta}_0$、$\beta_1$ 使 $y_i$ 与 $\hat{y}_i$ 之差的平方和最小。依据散点图初步判别其可能符合的回归关系模型，然后进行参数估计，并通过比较残差平方和的大小确定最终模型。

### 2. 多因素影响分析方法

（1）基于 Apriori 算法的多因素定性分析方法。关联规则挖掘算法是在 1993 年由 R. Agrawal 等人首先提出来的。挖掘在数据库中的记录或对象，抽取关联性，展示数据间的依赖关系[72]。关联规则的挖掘问题可形式化描述如下：设 $I = \{i_1, i_2, \cdots, i_n\}$ 是

由 $n$ 个子项（Item）组成的集合。给定一个事务型数据库 $D$，其中的每一个事务 $T$ 是 $I$ 中一些项目的集合，即 $T\subseteq I$，$T$ 有唯一的标识符，设 $X$ 是 $I$ 的任一子集，如果 $X\subseteq T$，说明事件 $T$ 包含了 $X$。

对于 $X\subseteq T$，$Y\subseteq I$，$X\cap Y=\varnothing$，关联规则可表示为

$$X\Rightarrow Y;\ S=\alpha\%,\ C=\beta\%;\ \alpha,\ \beta\subset[0,\ 100]$$

这表示 $X$ 成立，则 $Y$ 成立，同时可以给出置信度（Confidence）$C$ 和支持度（Support）$S$。

1）它具有支持度 $S$，即事务数据库 $D$ 中至少含有 $\alpha\%$ 的事务中包含 $X\cup Y$。

2）它具有置信度 $C$，即在事务数据库 $D$ 中包含 $X$ 的事务至少 $\beta\%$ 的同时也含有 $Y$。

如果不考虑关联规则的支持度和置信度，那么在事务数据库中存在无穷多的关联规则。事实上，人们一般只对满足一定支持度和置信度的关联规则感兴趣。因此，为了发现有意义的关联规则，需要给定两个阈值，即最小支持度和最小置信度。前者是用户规定的关联规则必须满足的最小支持度，它表示了一组物品集在统计意义上需满足的最低程度；后者是用户规定的关联规则必须满足的最小置信度，它反映了关联规则的最低可靠度。同时满足最小支持度（min_sup）和最小置信度（min_conf）的规则称作强规则。为方便计算，用 $0\%\sim100\%$ 之间的值而不是用 $0\sim1$ 之间的值表示支持度和置信度。项的集合称为项集（Itemset）。包含 $k$ 个项的项集称为 $k$ - 项集。集合 {computer, financial_ management _software} 是一个 2 - 项集。项集的出现频率是包含项集的事务数，简称为项集的频率、支持计数或计数。如果项集满足最小支持度（min_sup），则项集的出现频率不小于 min_conf 与 $D$ 中事务总数的乘积，因此称它为频繁项集（frequentitemset），频繁 $k$ - 项集的集合通常记作 $L_k$。

关联规则的挖掘是一个两步的过程：①找出所有频繁项集，根据定义，这些项集出现的频繁性至少和预定义的最小支持数计数一样；②由频繁项集产生强关联规则，根据定义，这些规则必须满足最小支持度和最小置信度。

Apriori 算法的流程图如图 5 - 5 所示。

在关联规则的算法中比较常用的是 Apriori 算法，下面简要介绍一下 Apriori 算法。

Apriori 算法是目前最普遍使用的挖掘布尔关联规则频繁项集的算法，具体算法如下：

1）连接。用 $L_{k-1}$ 自连接得到 $C_k$。

2）修剪。一个 $k$ 项集，如果它的一个 $k-1$ 项集（它的子集）不是频繁的，那它本身也不可能是频繁的。

算法：

$C_k$：Candidate itemset of size $k$

$L_k$：frequent itemset ofsize $k$

$L_1$ = {frequent items};

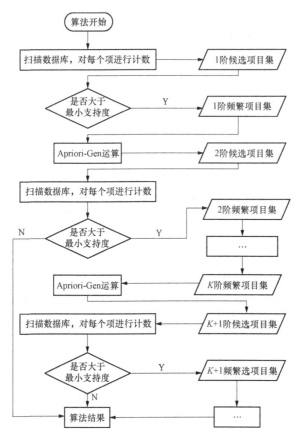

图 5-5 Apriori 算法的流程图

**for**$(k = 1; L_k! = O; k++)$**do begin**

    $C_{k+1}$ = candidates generated from $L_k$;

      **For each** transaction $t$ in database do

        increment the count of all candidates in

          $C_{k+1}$ that are contained in $t$

        $L_{k+1}$ = candidates in $C_{k+1}$ with min_support

**end**

**return** $C_k$，$L_k$

**Aprior** 算法性质：频繁项集的所有非空子集必须也是频繁的。

根据定义，如果项集 $I$ 不满足最小支持度（min_sup），则 $I$ 是不频繁的，即 $P(I) <$ min_sup。如果项 $A$ 添加到 $I$，则结果集（即 $I \cup A$）不可能比 $I$ 更频繁出现。因此，$I \cup A$ 也是不频繁的，即 $P(I \cup A) <$ min_sup。

（2）基于多元回归方法的多因素定量分析方法。社会经济现象之间的复杂性决定了各因素之间的关系不一定是线性的，而是可能存在着非线性关系，在预测时，必须建立非线性回归模型。由于非线性回归模型存在着计算难度大等问题，在实际应用时，通常要采用一定的数学手段将其转化成线性回归模型来解决问题。多元回归分析模型是数量经济学领域中的主要预测模型之一，在数量经济学领域的运用较为广泛，而且是其他统计模型的基础。所谓多元回归分析就是研究某一个随机变量（因变量）与其他一或几个变量（自变量）之间的数量变动关系，由回归分析法分析求出的关系式通常称为回归模型。

多元线性回归模型的形式

$$\begin{cases} y = b_0 + b_1 x_1 + \cdots + b_m x_m + \varepsilon \\ \varepsilon \sim N(0, \sigma^2) \end{cases} \tag{5-14}$$

式中：$b_1$，$b_2$，$b_3$，$\cdots$，$b_m$ 和 $\sigma^2$ 都是与可控变量 $x_1$，$x_2$，$x_3$，$\cdots$，$x_m$ 无关的未知的模型参数；$\varepsilon$ 是随机误差。式（5-16）即为 $m$ 元线性回归模型，对其等号两边取期望，得

$$Ey = b_0 + b_1 x_1 + \cdots + b_m x_m \tag{5-15}$$

式中：$E_y$ 为可控变量 $x_1$，$x_2$，$x_3$，$\cdots$，$x_m$ 的函数；$b_1$，$b_2$，$b_3$，$\cdots$，$b_m$ 为该模型的回归系数。

对可控变量 $x_1$，$x_2$，$x_3$，$\cdots$，$x_m$ 和随机变量 $y$ 进行 $n$ 次独立观察，可以得出一个容量为 $n$ 的随机样本 $x_{i1}$，$x_{i2}$，$x_{i3}$，$\cdots$，$x_{im}$，$y_i$（$i=1$，2，$n$），记为

$$\begin{cases} y_1 = b_0 + b_1 x_{11} + \cdots + b_m x_{1m} + \varepsilon_1 \\ y_2 = b_0 + b_1 x_{21} + \cdots + b_m x_{2m} + \varepsilon_2 \\ \vdots \\ y_n = b_0 + b_1 x_{n1} + \cdots + b_m x_{nm} + \varepsilon_n \end{cases} \tag{5-16}$$

在电力系统中，$y_1$，$y_2$，$y_3$，$\cdots$，$y_n$ 为历年负荷数据；$x_{i1}$，$x_{i2}$，$x_{i3}$，$\cdots$，$x_{im}$（$i=1$，2，$\cdots$，$n$）是影响负荷变化的一系列因素，包括国民经济生产总值（GDP）、产业结构比例（第一、二、三产业的结构比例）、气象因素等。

而 $\varepsilon_i$（$i=1$，2，$\cdots$，$n$）是相互独立的，且服从正态分布。将式（5-16）用矩阵的形式表示，得

$$\mathbf{Y} = \begin{bmatrix} y_1 \\ y_2 \\ \vdots \\ y_n \end{bmatrix}, \mathbf{X} = \begin{bmatrix} 1 & x_{11} & x_{12} & \cdots & x_{1m} \\ 1 & x_{21} & x_{22} & \cdots & x_{2m} \\ \vdots & \vdots & \vdots & \vdots & \vdots \\ 1 & x_{n1} & x_{n2} & \cdots & x_{nm} \end{bmatrix}, \mathbf{B} = \begin{bmatrix} b_0 \\ b_1 \\ \vdots \\ b_m \end{bmatrix}, \boldsymbol{\varepsilon} = \begin{bmatrix} \varepsilon_1 \\ \varepsilon_2 \\ \vdots \\ \varepsilon_n \end{bmatrix} \tag{5-17}$$

将式（5-17）写为

$$\mathbf{Y} = \mathbf{XB} + \boldsymbol{\varepsilon} \tag{5-18}$$

用最小二乘法进行参数估算，得

$$\mathbf{B} = \begin{bmatrix} b_0 \\ b_1 \\ \vdots \\ b_m \end{bmatrix} = (\mathbf{X}'\mathbf{X})^{-1}\mathbf{X}'\mathbf{Y} \tag{5-19}$$

则 $m$ 元线性回归模型为

$$y = \hat{b}_0 + \hat{b}_1 x_1 + \cdots + \hat{b}_m x_m \qquad (5-20)$$

式（5-20）就是 $m$ 元线性回归方程，在通过上述方法确定了方程回归系数 $\hat{b}_0$，$\hat{b}_1$，$\cdots$，$\hat{b}_m$ 之后，即可得到该地区负荷与影响因素之间的多元回归关系。

# 6 负荷特性应用场景

随着我国经济的持续增长，用电负荷持续攀升，电力市场出现供不应求的非均衡状态，我国目前所处的经济发展阶段以及资源环境约束决定了电力供需矛盾在一定时期内还将持续存在[73]。通过对负荷特性的深入分析，可以把握不同负荷的用电特性，进而基于负荷特性可以引申出一系列应用场景，如业扩报装接入优化、用电负荷组合优化等。

本章分别从业扩报装接入优化、用电负荷优化组合等应用场景，提出相对应的解决方案框架；通过实际应用示例，证明所提方法有效，可解决目前配电网规划存在的痛点和难点问题。

## 6.1 业扩报装接入优化

随着用电信息采集系统的建设应用，电力系统积累了海量的用电信息数据。充分利用这些基于电力实际业务产生的数据，通过大数据分析方法进行数据挖掘分析，电力企业能够为用户提供大量的高附加值服务，有利于电网安全运行以及电力营销增值服务的开展。

在电网公司的业扩报装工作中，大工业用户的用电量大，是电力企业需要重点关注和维护的对象，而目前业扩报装流程中的现有大用户接入方案粗放[74]，往往根据可靠性和经济性原则，以过高的裕度就近接入，未将用户接入后的负荷时序特性纳入考量，造成中压配电网存在一定的馈线轻载和重载共存现象。本节收集了大工业用户的海量详细负荷数据，挖掘用户的用电行为和用电特征，在此基础上根据用电特性对大工业用户进行分组识别和用户负荷画像预想，从而制定考虑用户负荷时序特性的接入方案，改善馈线的负荷情况。

### 6.1.1 基于传统报装信息的用户接入决策流程

用户在接入前提供的报装信息较少，在这种情况下，一般认为同行业、同地区的用户用电水平相近，即生产规模相近的用户具有相近的生产方式或用电习惯，可以合理估计该用户群体能够代表新用户可能具有的用电特征。

对于提供了传统报装资料的新电力用户，用户负荷类型识别的流程如下：

步骤 1：整理新电力用户的报装资料，包括用电地点、所属行业和用电容量。

步骤 2：根据新电力用户提供信息，对该区域、行业下的用户进行筛选，构建相应行业画像，得到该行业下各个负荷类型的用电特征。

步骤 3：行业画像中包括各个类型负荷的水平等级，并统计各级用户数量及占比。

步骤 4：根据新电力用户的负荷水平等级，选择该等级中用户数量占比最高的负荷类型，认为该类型为新电力用户的负荷类型，完成负荷类型识别过程。

步骤 5：进一步对用户的日负荷曲线进行预估，并对预估曲线的指标进行计算。

步骤 6：用户接入各个初步确定的电源点后，会对电源点造成的影响进行分析，并根据工作指引，综合考虑经济性、可靠性、时效性及电源点负荷特性，进行最佳电源点的推荐。

## 6.1.2 基于扩充信息的用户接入优化流程

传统业扩报装的管理规定符合实际工程流程，并满足传统业扩报装工作需求，用户提交的资料中，用电容量及用电类型能够明确负荷所属行业。但对于实现行业内的用户负荷类型识别，并进一步完成用户的负荷画像预想来说，传统流程中的有效用户信息不足。

为了能够更加可靠、有效地识别新用户所属的负荷类型，提出了需要用户填写更加详细的用户申请信息的要求。具体要求扩充的用户报装信息及特征提取流程在前章已经详细说明，这里就不再赘述。下面针对提供了核实报装资料的新电力用户，用户负荷类型识别、负荷画像预想及接入优化的流程如下：

步骤 1：根据修改后的电力用户勘察表，提取用户典型特征，形成电力用户特征向量。

步骤 2：使用历史数据样本对机器学习模型完成训练。

步骤 3：运用训练完成后的机器学习模型进行电力用户的负荷类型识别。

步骤 4：根据现场勘察情况对用户用电负荷大小进行合理估算。

步骤 5：进一步对用户的日负荷曲线进行预估，并对预估曲线的指标进行计算。

步骤 6：用户接入各个初步确定的电源点后，会对电源点造成的影响进行分析，并根据工作指引，综合考虑经济性、可靠性、时效性及电源点负荷特性，进行最佳电源点的推荐。

在完成用户的负荷画像预想后，结合待接入馈线已有的负荷信息，选取馈线最大日负荷曲线与用户日负荷曲线叠加，可对用户接入后馈线负荷情况进行预估和分析，具体计算公式为

终期年份馈线日负荷曲线＝终期年份用户日负荷曲线＋馈线最大日负荷曲线 （6-1）

接入后某年馈线负荷曲线＝接入后某年用户日负荷曲线＋馈线最大日负荷曲线 （6-2）

完成上述对用户接入后馈线日负荷曲线的估算后，可进一步对该条馈线日负荷特征指标进行计算，从而对用户接入馈线给负荷带来的影响进行分析和评价。具体计算公式为

（1）计算馈线最大电流

$$馈线最大电流 = \frac{终期年份馈线日负荷曲线最大值}{馈线额定电压} \qquad (6-3)$$

（2）计算馈线日负荷率

$$馈线日负荷率 = \frac{馈线平均电流}{馈线额定电流} \qquad (6-4)$$

（3）计算馈线日峰谷差率

$$馈线日峰谷差率 = \frac{馈线最大电流 - 馈线最小电流}{馈线最大电流} \qquad (6-5)$$

就近选取若干用户能够接入的馈线，对上一步骤中计算得到的指标进行综合评价，根据实际情况，对用户接入馈线进行选择。

确定电源接入点时，应优先接入就近的 10kV 馈线，当线路负荷率超过 80% 时，原则上不允许再接入。在负荷率均满足要求的情况下，考虑经济性和可靠性，根据实际情况优先接入使日峰谷差率更低的馈线。

### 6.1.3 用户接入评价指标

对用户接入馈线后的负荷情况进行分析和计算后，规划业务人员往往根据接入后负荷曲线峰值不越限，也不造成重过载判断接入方案是否可行；同时根据新用户接入后馈线负荷峰谷差率的改善情况来衡量接入方案对负荷情况的改善是否有效。根据这两方面的考量制定用户接入评价指标（User Access Evaluation，UAE），对用户接入方案的好坏进行评价打分（10 分为满分，过载越限、造成负荷情况恶化均为负分），计算公式为

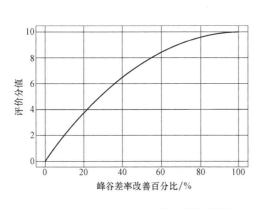

图 6-1 用户接入评价指标

$$a_{\mathrm{p}} = \frac{a_1 - a_2}{a_1} \times 100\% \qquad (6-6)$$

$$\mathrm{UAE} = 10a_{\mathrm{p}}(2 - a_{\mathrm{p}}) - 10\lambda k \qquad (6-7)$$

式中：$a_1$ 和 $a_2$ 分别为用户接入前及接入后的峰谷差率；$a_{\mathrm{p}}$ 为馈线的峰谷差率改善百分比；$\lambda$ 为对过载越限情况的容忍度，一般取值为 1；$k$ 为过载越限是否存在的判断值，存在过载越限取值为 1，不存在则取 0。

用户接入评价指标（UAE）的取值曲线如图 6-1 所示。

### 6.1.4 应用示例

以某农副产品加工业的用户（佛山市南海福禧米业加工厂）为例，该用户已经接入电网并有足够的数据。算例假设该用户的用电负荷数据未知，并将其作为新报装用户，运用上述方法流程对该用户进行负荷类型识别、负荷画像预想及用户接入分析，实现该报装用户的优化接入。

（1）所属行业画像。首先对该用户所属行业，即农副产品加工业的行业负荷画像进行

展示，该行业的所有负荷类型及相应负荷曲线如图6-2所示。

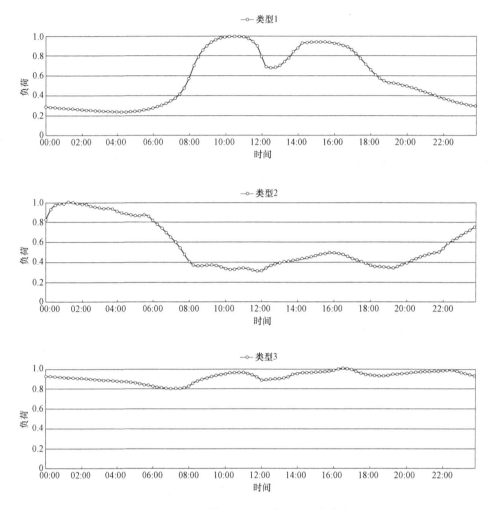

图6-2 农副产品加工业典型日负荷曲线

可见，对上述农副食品加工业的用户聚类后，其负荷曲线呈现出三种典型类型，这意味着该行业典型用电特征有上述所列三种典型情况，各用户类型分布情况见表6-1。

表6-1 各用电负荷类型分布情况

| 用电负荷类型 | 类型1 | 类型2 | 类型3 |
| --- | --- | --- | --- |
| 用户数量 | 79 | 52 | 97 |
| 日负荷率 | 0.565 5 | 0.573 8 | 0.919 9 |
| 类型占比 | 0.425 4 | 0.346 5 | 0.228 1 |
| 日峰谷差率 | 0.767 4 | 0.689 3 | 0.199 0 |

由表6-1可以清晰地看到，分别有42.54%、34.65%和22.81%的用户属于类型1、类型2与类型3；同时根据日负荷率与日峰谷差率的数值比较，可以得出：类型1整体表现为

日峰谷差大且负荷率低；类型2更多地表现为整体的日峰谷差较大且日负荷率整体较低；类型3表现为曲线变化平缓，日峰谷差小且负荷率高。

（2）负荷类型识别及画像预想。根据该用户的信息资料填写扩充后的报装信息，具体情况见表6-2。

表6-2 用户报装信息表

| 用户名称 | 所属行业 | 报装容量/kVA | 工作时间安排 | 生产设备功率/kW | 非生产设备功率/kW |
|---|---|---|---|---|---|
| 南海福禧米业加工厂 | 农副产品加工业 | 1500 | 23：00-6：00 | 1425 | 75 |

根据表6-2的用户报装信息，使用式（6-1）～式（6-6）计算该用户的负荷特征向量，并以此作为输入，通过训练好的迁移深度学习方法模型，识别获得该用户的负荷类型，具体结果见表6-3。

表6-3 用户负荷特征向量及所属负荷类型

| 用户名称 | 负荷率 | 日最小负荷率 | 日峰谷差率 | 峰期负荷率 | 平期负荷率 | 谷期负荷率 | 所属类型 |
|---|---|---|---|---|---|---|---|
| 南海福禧米业加工厂 | 0.366 7 | 0.050 0 | 0.950 0 | 0.136 4 | 0.424 2 | 2.151 6 | 2 |

完成该用户的负荷类型识别后，生成该用户的负荷预想画像，并与该用户实际的典型日负荷曲线进行比较，具体结果如图6-3及图6-4所示。

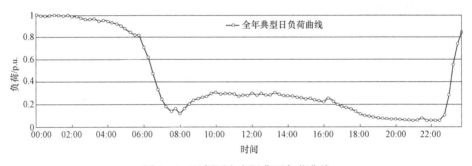

图6-3 示例用户实际典型负荷曲线

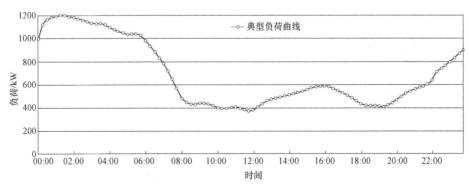

图6-4 示例用户负荷预想画像结果

可见，示例用户的负荷预想画像结果在大致的曲线走势上与该用户的实际负荷曲线具有相似性，能够表征该用户在一天当中整体上的时序特性，可使用该预想画像结果继续报装接入的优化流程。

（3）用户接入影响分析及电源点的选择。根据业扩报装中的就近原则，选择该示例用户用电地点附近的若干条馈线作为该用户的备选电源点，具体制定方案见表 6-4。

表 6-4 示例用户接入方案

| 方案序号 | 供电所 | 变电站 | 10kV 馈线 | 额定电流/A | 接入功率/kW |
|---|---|---|---|---|---|
| 方案 1 | 供电所 1 | 变电站 1 | 线路 1 | 340 | 1500 |
| 方案 2 | 供电所 2 | 变电站 2 | 线路 2 | 340 | 1500 |
| 方案 3 | 供电所 3 | 变电站 3 | 线路 3 | 340 | 1500 |

制定完成示例用户接入方案后，将示例用户的负荷预想画像与待接入馈线的原始负荷曲线分别进行叠加，并计算相应指标。各方案的负荷曲线如图 6-5 所示，接入前后的情况见表 6-5～表 6-7 所列。

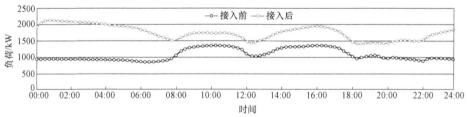
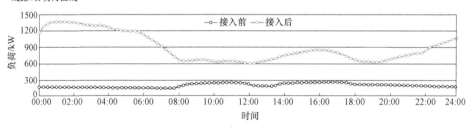

查看彩图

图 6-5 示例用户接入后各馈线负荷曲线结果

**表 6 - 5** 　　　　　　　　　　　　　　　　**方案 1 接入前后情况**

| 指标名称 | 接入前 | 接入后 |
|---|---|---|
| 日最大负荷率 | 0.394 6 | 0.624 1 |
| 日最大电流 | 134.149 8 | 212.192 5 |
| 日最小负荷率 | 0.247 4 | 0.403 0 |
| 日峰谷差率 | 0.373 1 | 0.354 2 |
| 用户接入评价指标 | 0.987 5 | |

**表 6 - 6** 　　　　　　　　　　　　　　　　**方案 2 接入前后情况**

| 指标名称 | 接入前 | 接入后 |
|---|---|---|
| 日最大负荷率 | 0.072 4 | 0.397 6 |
| 日最大电流 | 24.632 1 | 135.172 1 |
| 日最小负荷率 | 0.039 0 | 0.168 7 |
| 日峰谷差率 | 0.462 0 | 0.575 6 |
| 用户接入评价指标 | −5.52 | |

**表 6 - 7** 　　　　　　　　　　　　　　　　**方案 3 接入前后情况**

| 指标名称 | 接入前 | 接入后 |
|---|---|---|
| 日最大负荷率 | 0.388 5 | 0.713 0 |
| 日最大电流 | 132.085 4 | 242.403 1 |
| 日最小负荷率 | 0.246 8 | 0.376 6 |
| 日峰谷差率 | 0.364 7 | 0.471 7 |
| 用户接入评价指标 | −6.73 | |

可见，在方案 1 中，该示例接入用户负荷后，馈线的日峰谷差率在一定程度上减少了，馈线的负荷情况获得了一定的改善；而在方案 2 和方案 3 中，馈线的日峰谷差率进一步被扩大，造成了馈线负荷情况的恶化，降低了供电设备的利用率。因此，可以看出方案 1 获得改善的程度最大；而由用户接入评价指标可以发现，方案 2 和方案 3 均造成了馈线负荷情况的恶化，得分为负分。因此，选择方案 1，对示例用户进行接入。

## 6.2　用电负荷组合优化

在传统的配电网规划或改造中，主要考虑的是预测负荷的最大和最小值，而未考虑不同用户负荷的时序变化特性。当用户负荷具有多样性特点时，容易造成供电站点的综合负荷特性（包括线路损耗、负荷峰谷差率、负荷率和负荷峰值等）劣化，配电网损耗偏高。

具有波动性的电力用户负荷之间有的具有同时性，有的具有互补性，供电区内用户组成不同，则综合负荷的波动性也不同。因此，在配电网改造过程中，可考虑不同类型负荷的特性，并据此进行负荷组合优化，可提高配电网的运行效率，改善配电网各供电区的综合负荷特性[75]。

### 6.2.1　基于规划负荷模型的多目标用电负荷组合优化

在业扩报装优化接入决策中，采用基于行业画像的用户负荷预想技术对未接入电网的用户负荷进行合理预估，并以此为依据，在业扩接入过程中考虑负荷时序特性，对用户的接入点进行优化推荐。因此，在配电网规划过程中，对于一片新建园区，可采用相同方法，根据各个地块的用电性质，利用适用于规划的负荷模型对地块的用电情况进行合理预估，并以此为依据，实现新区规划下的用电负荷优化组合。

基于规划负荷模型的多目标用电负荷优化组合流程如图 6-6 所示。

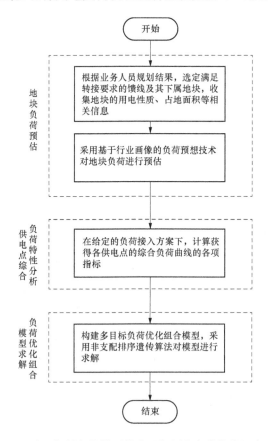

图 6-6　基于规划负荷模型的多目标用电负荷优化组合流程

### 1. 新区规划概况

某园区面积 2.1km²，总建筑面积高达 565.2 万 m²。根据区域功能定位，全区采用电缆线路，全部实现"三遥"自动化功能。该园区地块划分情况如图 6-7 所示。

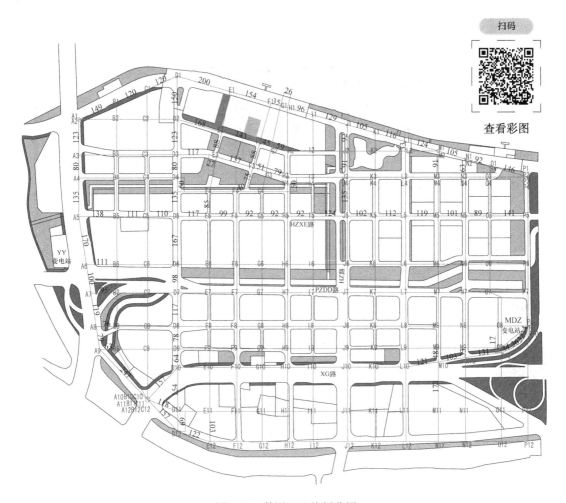

图 6-7 某园区地块划分图

横向和纵向道路分别有 10 条和 14 条，将全区划分为 12×16 的网络，进行网络合并后，规划片区被划分为 69 个负荷节点以及 2 个变电站进线位置。选取其中一个地块进行新区规划。根据地块性质及负荷饱和密度，可粗略估计该地块负荷约为 23 680kV•A。根据规划经验，考虑馈线容量，该地块预计需要 3 条馈线完成供电需求，并根据地理位置就近原则，对各条馈线及其所接负荷节点初步分配，如图 6-8 所示。

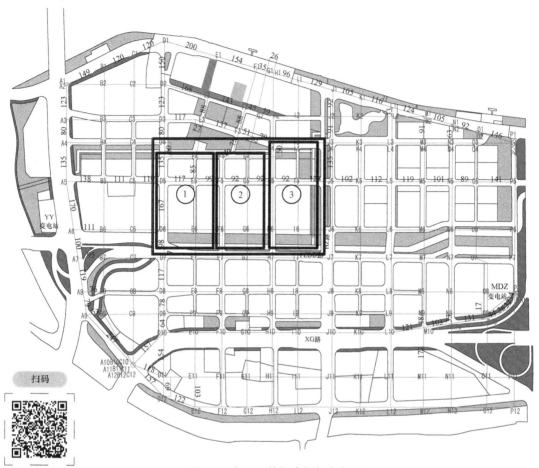

图 6-8　新区地块初步规划方案图

　　上述各条馈线及该馈线下所分配的地块负荷点（用户配电变压器）的具体地块性质及负荷数据情况见表 6-8。

表 6-8　　　　　　　　　　　　规划园区部分规划数据

| 馈线 | 用户（配电变压器）编号 | 地块性质 | 计算负荷/kW |
|---|---|---|---|
| 馈线 1# | 1 | 商务设施用地 | 1 008.7 |
| | 2 | 商务设施用地 | 1 033.3 |
| | 3 | 行政办公用地 | 665 |
| | 4 | 商务设施用地 | 2 431.5 |
| | 5 | 环境设施用地 | 306.3 |
| 馈线 2# | 6 | 商务设施用地 | 1 007.95 |
| | 7 | 商务设施用地 | 1 033.3 |
| | 8 | 商务设施用地 | 5 067.9 |
| | 9 | 环境设施用地 | 1 019.9 |

| 馈线 | 用户（配电变压器）编号 | 地块性质 | 计算负荷/kW |
|---|---|---|---|
| | 10 | 环境设施用地 | 160.8 |
| | 11 | 商务设施用地 | 4 411.7 |
| 馈线 3# | 12 | 环境设施用地 | 915.6 |
| | 13 | 商务设施用地 | 2 633.1 |
| | 14 | 环境设施用地 | 1 588.9 |

**2. 非支配排序遗传算法**

电力负荷优化组合问题是一个决策变量为整数的优化问题，生成组合方案（即优化问题的解）时，需考虑该方案下馈线负荷特性中包括峰谷差率、负荷率等指标是否满足要求，并以此评价该负荷组合方案的优劣，以达到更好改善馈线负荷情况的效果。因此，找到一种多目标整数优化算法是解决问题的关键。

非支配排序遗传算法（Non-dominated Sorting Genetic Algorithm，NSGA）[76]是一种多目标遗传算法，通过计算机处理并采用适当的编码方案将待优化问题转换为二进制编码串（个体），同时随机产生一群码串（种群）置于求解的编码空间中。根据"优胜劣汰，适者生存"的生物进化论原则，从种群中选择出对环境适应能力较强的个体进行交叉和变异操作以产生新一代更能适应环境的个体。新个体继承上一代个体的优秀基因，性能也更优于上一代个体。再从新个体中选出优秀个体进行下一代进化，这样经过一代一代不断的进化，种群会向最优解不停靠近，最后收敛于一个解集，求得 Pareto 最优解。

Pareto 最优解表示在一个解空间中的一个解向量 $X$，如果没有任何一个解向量能够支配该解向量 $X$，就把该解向量称为此优化问题中求得的 Pareto 最优解[77]。

（1）NSGA-Ⅱ算法[78]。NSGA-Ⅱ算法（带精英策略的非支配排序遗传算法）相对 NSGA 改进主要表现在以下几个方面：

1）采用一种快速的非支配排序策略，使算法的运行效率大大提高，算法的计算复杂度大大降低。

2）通过拥挤度的计算提高种群多样性，避免 NSGA 中使用小生镜技术需人为指定共享半径的缺陷。

3）引入了精英策略，将父代和子代种群一同竞争得到更为优秀的新一代种群，扩大整个采样空间。

（2）NSGA-Ⅱ算法基本流程。NSGA-Ⅱ算法一般过程为：首先随机生成一个包含 $W$ 个个体的种群，即父代种群，并对父代种群中的个体进行非支配排序；然后计算个体拥挤度，由个体拥挤度大小决定所在层级，采用选择算子选出适当的个体，并投入交配池中对

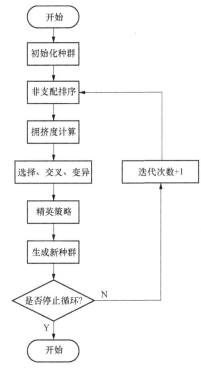

图 6-9 NSGA-Ⅱ算法基本流程图

池中的个体进行交叉、变异等操作以产生新的下一代种群；最后进行精英策略操作，把所得的 $W$ 个个体作为新的父代继续重复上述过程，直至达到终止条件为止，流程图如图 6-9 所示。

**3. 负荷优化组合模型**

基于上述分析过程，在某一特定负荷组合方案下，能够得到该接入方案时供电点综合负荷特性的各项指标。将这些指标纳入优化评估过程，在满足相关指标要求的基础上提出负荷优化目标，对负荷组合方案 $Y$ 建立负荷优化组合的基本模型，可表示为

$$\min T(Y) \tag{6-8}$$

$$\text{s. t. } g(Y) \leqslant 0, Y \in B \tag{6-9}$$

式中：$T(Y)$ 为在复合组合方案 $Y$ 下计算得到的负荷优化评估指标；$g(Y)$ 为相关约束条件，包括评估指标约束条件以及供电点系统容量约束条件等；$B$ 为可供选择的负荷组合方案的集合。

**4. 应用示例**

建立上节所示负荷优化组合模型，结合以该变电站为供电点的配电网情况，选择负荷组合方案 $Y$，以最小化各条馈线的负荷日峰谷差率、最大化日负荷率为优化目标，以馈线额定容量为约束条件，负荷优化组合的基本模型可表示为

$$f_{\min}^1 = \sum_{z=1}^{3} \text{dif}_z(Y) \tag{6-10}$$

$$f_{\min}^2 = \max_{y,z}\{| P_{\text{meanz}}/P_c - P_{\text{meany}}/P_c |\} \tag{6-11}$$

$$\text{s. t. } \begin{cases} a_z \geqslant 0.6 \\ P_{\text{maxz}}/P_c \leqslant 0.8 \end{cases} \quad z = 1,2,3 \tag{6-12}$$

式中：$\text{dif}_z(Y)$ 为负荷组合方案 $Y$ 下馈线 $z$ 的日峰谷差率；目标函数 $f_{\min}^1$ 为负荷组合方案下各条馈线的日峰谷差率之和；目标函数 $f_{\min}^2$ 为负荷组合方案下各条馈线的平均负荷率之差的最大值。

约束条件的含义分别为：各条馈线的日负荷率需满足一定水平，保持在 0.6 以上；各条馈线的最大负荷不得超过馈线容量的 80%。

负荷优化组合模型以最小化峰谷差率、最大化负荷率为优化目标，以馈线额定容量为约束条件，对模型进行优化，得到优化组合方案，见表 6-9。

**表 6 - 9**                                         **两种用户负荷接入方案 Y1、Y2**

| 用户接入方案 | 馈线 1 接入用户 | 馈线 2 接入用户 | 馈线 3 接入用户 |
|---|---|---|---|
| 原方案 Y1 | $x_1 \sim x_5$ | $x_6 \sim x_9$ | $x_{10} \sim x_{14}$ |
| 现方案 Y2 | $x_1$、$x_{10} \sim x_{12}$ | $x_2$、$x_4$、$x_9$ | $x_3$、$x_5 \sim x_8$、$x_{13}$、$x_{14}$ |

优化前后的馈线综合负荷曲线如图 6-10～图 6-12 所示。由图可知，与原始负荷接入方案 Y1 相对比，模型求解得到的方案下，馈线 1 的峰谷差率明显得到了有效降低，负荷率得到了提高。而馈线 2 和馈线 3 的峰谷差率并未降低，但两条馈线的重载情况得到了明显改善。这表明通过对用户负荷进行组合方案的优化求解，的确能够在改善重载馈线的情况下，一定程度上有效改善馈线的设备利用率和综合负荷特性。各条馈线在优化前后的数据指标见表 6-10。

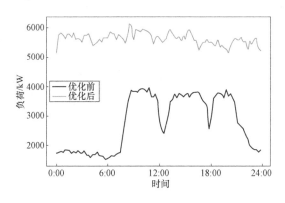

图 6-10  馈线 1 优化前后负荷曲线

扫码

查看彩图

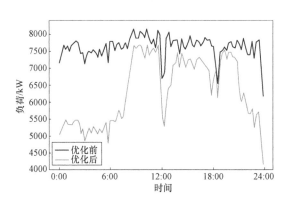

图 6-11  馈线 2 优化前后负荷曲线

扫码

查看彩图

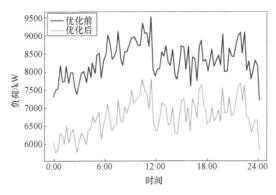

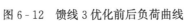

图 6-12  馈线 3 优化前后负荷曲线

扫码

查看彩图

表 6-10  各条馈线在优化前后的数据指标

| 馈线负荷指标 | 馈线 1 | | 馈线 2 | | 馈线 3 | |
| --- | --- | --- | --- | --- | --- | --- |
| | 优化前 | 优化后 | 优化前 | 优化后 | 优化前 | 优化后 |
| 日最大负荷/kW | 3 940.179 | 6 145.199 | 8 188.597 | 7 695.453 | 9 531.081 | 7 796.602 |
| 日负荷率 | 0.702 994 | 0.915 651 | 0.930 774 | 0.822 734 | 0.871 824 | 0.864 853 |
| 日峰谷差率 | 0.615 016 | 0.165 503 | 0.241 709 | 0.454 632 | 0.243 049 | 0.268 776 |
| 日最小负荷率 | 0.384 984 | 0.834 497 | 0.758 291 | 0.545 368 | 0.756 951 | 0.731 224 |

# 7　多维度用户负荷特性分析模块开发

随着社会经济持续发展，电网最大负荷持续增长，峰谷差逐步增大，电网在不同时期内的供需矛盾十分突出，调峰难度持续加大，对电力系统的稳定性造成了潜在的危害，也给电网规划建设、电力负荷预测及电力市场管理分析等工作带来了挑战。同时，在有力推进产业转型升级、逐步调整经济结构的大背景下，能耗高、污染强的落后企业被大量淘汰，对电网的负荷特性产生了重大影响。因此，开发一套相应的多维度用户负荷特性分析软件，对负荷特性展开全面的研究分析，并改善整体电网的规划建设，保证其安稳运行有着重要意义。

在理论研究和算法实现的基础上，设计合理的软件功能的整体框架与方向，开发一套灵活性强、可拓展的多维度负荷特性分析仿真系统。该系统以微服务、微应用为核心架构，在不同时间尺度上实现对各行业负荷特性的分析研究，并提供业扩报装接入决策及电力负荷组合这些实际应用模块的相关功能。

## 7.1　功能结构

功能结构如图 7-1 所示。

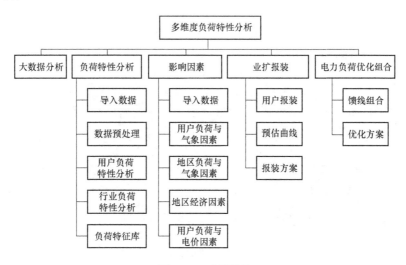

图 7-1　功能结构

## 7.2 大数据分析

（1）需求综述：基于用户和行业负荷特性分析结果，进行可视化展示。

（2）功能说明见表 7-1。

表 7-1　　　　　　　　　　　大数据分析功能说明

| 名称 | | 功能说明 |
|---|---|---|
| 业务规则 | | 支持区域和行业的切换 |
| 先决条件 | | 完成用户和行业负荷特性分析 |
| 功能要求 | 基本功能 | 使用地图展示接入区域；使用饼图进行行业分类展示并提供数据挖掘；使用饼图、表格和曲线图展示分析结果 |
| | 辅助功能 | 无 |
| | 处理约束 | 无 |
| 信息处理要求 | 输入信息 | 区域、行业信息 |
| | 输出信息 | 用户、行业负荷特性分析结果 |

（3）界面（局部）设计示例如图 7-2 所示。

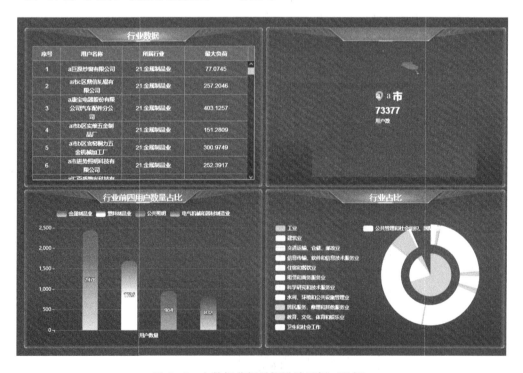

图 7-2　大数据分析界面设计示例（局部）

## 7.3 负荷特性分析

### 1. 导入数据

（1）需求综述：实现用户数据的导入功能，作为负荷特征库的原始基础数，该功能提供通过数据文件导入的方式和通过导入用户来获取已有原始数据的方式。

（2）功能说明见表7-2。

表7-2 负荷特性分析功能说明

| 名称 | | 功能说明 |
|---|---|---|
| 业务规则 | | 通过支持模板数据导入和导入用户信息来实现基础数据的导入 |
| 先决条件 | | 指定导入数据模板，整理用户基础数据 |
| 功能要求 | 基本功能 | 提供数据模板下载；支持数据导入；支持用户导入，关联用户数据；导入数据后自动整理成预处理的格式；提供下载导入后的数据；对导入的数据或用户提供删除功能 |
| | 辅助功能 | 支持报表导出功能，支持提供标准化数据模板，并提供数据导入功能 |
| | 处理约束 | 对必选字段进行非空约束 |
| 信息处理要求 | 输入信息 | 用户数据；用户信息 |
| | 输出信息 | 数据列表或用户列表 |

### 2. 数据预处理

（1）需求综述：用于展示版本已导入数据的概况、基础用户信息以及数据质量水平，包括导入用户的名称、所属行业、归属的变电站与线路、用户数据的总天数，处理前后缺失数据天数的统计以及具体单个用户的历史负荷曲线等。同时，提供多种数据预处理算法功能。

（2）功能说明见表7-3。

表7-3 数据预处理功能说明

| 名称 | | 功能说明 |
|---|---|---|
| 业务规则 | | 数据预处理模块是多维度用户负荷特性分析系统中负荷数据的集中展示。利用神经网络法、低秩矩阵填充法以及拉格朗日插值法等方法对负荷数据进行处理，并将用户数据基本信息的统计、数据处理后的结果都在本模块中进行展示 |
| 先决条件 | | 无 |
| 功能要求 | 基本功能 | 提供神经网络法等多种处理方式；统计不良占比率过滤；实现处理前后的数据概况，以饼图展示各个行业信息；提供按行业进行查询的功能；以表格形式展示处理前和处理后的数据对比；提供查看每个用户原始数据的功能 |
| | 辅助功能 | 统计表导出功能 |
| | 处理约束 | 对必填字段进行非空约束 |

续表

| 名称 | | 功能说明 |
|---|---|---|
| 信息<br>处理<br>要求 | 输入信息 | 处理方法、不良数据站比率、行业 |
| | 输出信息 | 处理前后数据对比，包括用户名、变电站、馈线、行业、总天数、没有数据的天数、缺失部分数据的天数、有完整数据的天数、不良数据站比率、实用系数等 |

（3）界面（局部）设计示例如图 7-3 所示。

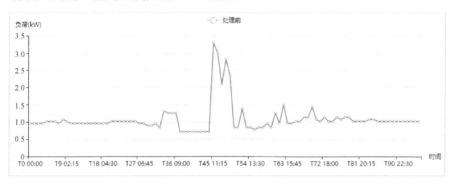

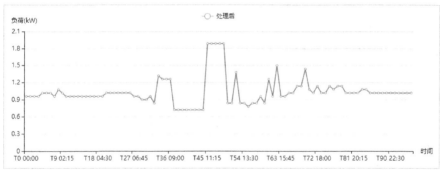

图 7-3　数据预处理界面（局部）设计示例

### 3. 用户负荷特性分析

（1）需求综述：用于展开用户负荷特性分析算法处理，并展示用户部分基本信息及负荷特性分析结果，包括用户名称、所属行业、包含的日负荷曲线数量等用户基础属性与统计信息，以及用户负荷曲线、用户负荷特征的分析结果。

（2）功能说明见表 7-4。

表 7-4　　　　　　　　　　用户负荷特性分析功能说明

| 名称 | 功能说明 |
|---|---|
| 业务规则 | 用户特性分析模块使用符号近似聚合与非参数核密度等方法完成用户负荷数据信息的处理，提取单一用户日、月、年多个负荷特性指标结果，为后续行业分析模块提供基础 |
| 先决条件 | 用户基础数据预处理 |

| 名称 | | 功能说明 |
|---|---|---|
| 功能要求 | 基本功能 | 以表格形式展示用户列表；支持按行业和时间进行查询；提供单用户的算法调用和多用户的批量调用；提供算法调用后的用户负荷曲线和负荷特性的查看功能；支持分页 |
| | 辅助功能 | 统计表导出功能 |
| | 处理约束 | 对必填字段进行非空约束 |
| 信息处理要求 | 输入信息 | 查询统计条件：行业、时间段 |
| | 输出信息 | 用户日负荷曲线、月负荷曲线、年负荷曲线统计；负荷曲线展示；负荷特征展示 |

（3）界面（局部）设计示例如图 7-4～图 7-6 所示。

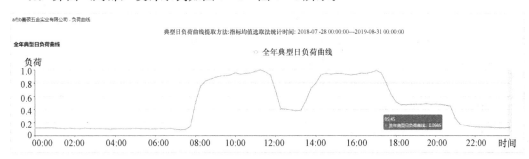

图 7-4　用户负荷特性分析界面（局部）设计示例一

日负荷特性指标

| 指标名称 | 全年 | 夏季(4月~9月) | 冬季(10月~12月,1月~3月) |
|---|---|---|---|
| 日最大负荷(kW) | 50.3987 | 64.3166 | 35.4285 |
| 日最小负荷(kW) | 4.4366 | 5.6279 | 2.8854 |
| 日平均负荷(kW) | 22.8128 | 28.8154 | 15.6097 |
| 日负荷率 | 0.4526 | 0.4480 | 0.4406 |

图 7-5　用户负荷特性分析界面（局部）设计示例二

统计时间：2018-07-28 00:00:00——2019-08-31 00:00:00

| 实用系数与指标和负荷密度 | | | | |
|---|---|---|---|---|
| | 报装时间：2009-01-24 | 报装容量(kW) | 建筑面积(平方米)：2.116400 | 实用系数：0.514000 |
| 新增系数 | 第一年：0.100000 | 第二年：0.271000 | 第三年：0.274000 | 第四年：0.618000 |

| 近似信号 | A1 | A2 | A3 |
|---|---|---|---|
| 小波能量 | 31.6189 | 31.9127 | 32.3958 |
| 均方根值 | 0.7798 | 1.0314 | 1.3058 |

| 细节信号 | D1 | D2 | D3 |
|---|---|---|---|
| 小波能量 | 0.0197 | 0.0837 | 0.8578 |
| 均方根值 | 0.0195 | 0.0528 | 0.2125 |

图 7-6　用户负荷特性分析界面（局部）设计示例三

#### 4. 行业负荷特性分析

（1）需求综述：根据行业标识，将用户归集到各个行业，调用行业负荷特性算法并提取行业负荷特征，将结果在子界面中进行展示。

（2）功能说明见表 7-5。

表 7-5 行业负荷特性分析功能说明

| 名称 | | 功能说明 |
|---|---|---|
| 业务规则 | | 基于灰狼的 FCM 聚类算法，对各个用户的典型日负荷曲线进行聚类，提取细分行业的典型负荷曲线，计算相关负荷特性指标进行展示，并将用户归集到具体的细分行业用电类型中 |
| 先决条件 | | 数据预处理 |
| 功能要求 | 基本功能 | 根据导入的用户数据，按行业分类统计行业用户数据、日负荷曲线、月负荷曲线和年负荷曲线；提供对行业的批量和单行业算法调用功能；提供分析结果发布到负荷特征库的功能；针对分析结果在该功能中的行业下可查看 |
| | 辅助功能 | 支持批量调用算法功能 |
| | 处理约束 | 对必选字段进行非空约束 |
| 信息处理要求 | 输入信息 | 无 |
| | 输出信息 | 行业负荷曲线，行业负荷特征库 |

（3）界面（局部）设计示例如图 7-7、图 7-8 所示。

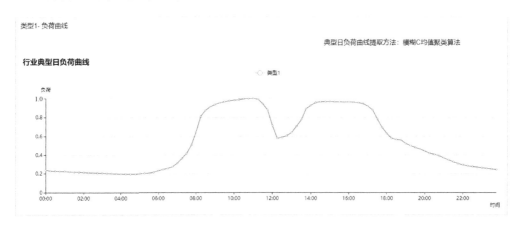

图 7-7 行业负荷特性分析界面（局部）设计示例一

扫码

查看彩图

#### 5. 负荷特征库

（1）需求综述：集中保存各个版本发布的负荷特性分析结果，并提供其访问接口。

（2）功能说明见表 7-6。

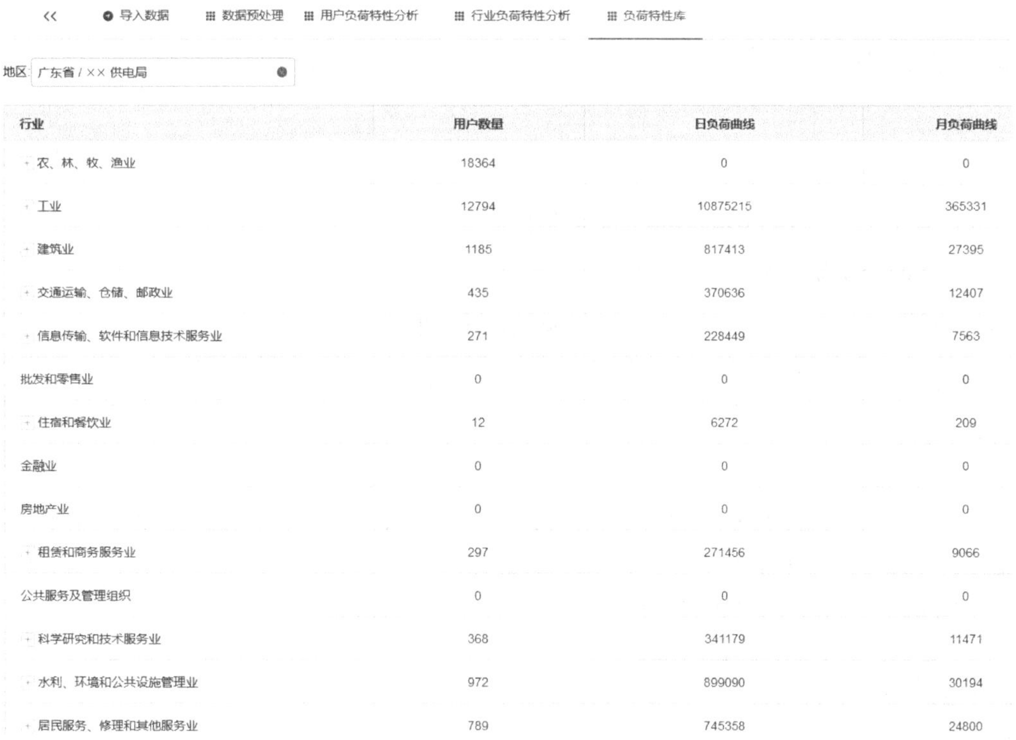

<< ● 导入数据　▦ 数据预处理　▦ 用户负荷特性分析　▦ 行业负荷特性分析　▦ 负荷特性库

地区　广东省 / ×× 供电局　　　　　　◉

| 行业 | 用户数量 | 日负荷曲线 | 月负荷曲线 |
|---|---|---|---|
| ▸ 农、林、牧、渔业 | 18364 | 0 | 0 |
| ▸ 工业 | 12794 | 10875215 | 365331 |
| ▸ 建筑业 | 1185 | 817413 | 27395 |
| ▸ 交通运输、仓储、邮政业 | 435 | 370636 | 12407 |
| ▸ 信息传输、软件和信息技术服务业 | 271 | 228449 | 7563 |
| 批发和零售业 | 0 | 0 | 0 |
| ▸ 住宿和餐饮业 | 12 | 6272 | 209 |
| 金融业 | 0 | 0 | 0 |
| 房地产业 | 0 | 0 | 0 |
| ▸ 租赁和商务服务业 | 297 | 271456 | 9066 |
| 公共服务及管理组织 | 0 | 0 | 0 |
| ▸ 科学研究和技术服务业 | 368 | 341179 | 11471 |
| ▸ 水利、环境和公共设施管理业 | 972 | 899090 | 30194 |
| ▸ 居民服务、修理和其他服务业 | 789 | 745358 | 24800 |

图 7-8　行业负荷特性分析界面（局部）设计示例二

表 7-6　　　　　　　　　　　　负荷特征库功能说明

| 名称 | | 功能说明 |
|---|---|---|
| 业务规则 | | 负荷特征库模块作为多维度用户负荷特性分析系统的最终展现形式，保存了各个版本中发布的负荷特性分析结果，并对单地区的负荷数据进行数据概况的统计分析，用户可在此模块查看各个版本分析所得的最终结果 |
| 先决条件 | | 生成行业负荷特征分析 |
| 功能要求 | 基本功能 | 按行业统计展示行业及对应用户负荷特性分析结果；提供按区域查询功能；实现数据概况统计 |
| | 辅助功能 | 无 |
| | 处理约束 | 对必选字段进行非空约束 |
| 信息处理要求 | 输入信息 | 无 |
| | 输出信息 | 用户负荷特性分析结果，行业负荷特性分析结果，数据统计饼图 |

## 7.4 影响因素分析

### 1. 导入数据

（1）需求综述：实现影响因素基础数据的导入。

（2）功能说明见表7-7。

表7-7                                                 导入数据功能说明

| 名称 | | 功能说明 |
| --- | --- | --- |
| 业务规则 | | 无 |
| 先决条件 | | 无 |
| 功能要求 | 基本功能 | 提供按照区域查询和导入数据功能；提供导入功能；支持导入后的数据下载功能；支持导入后数据删除功能 |
| | 辅助功能 | 提供下载数据文件功能 |
| | 处理约束 | 必须按照模板导入数据 |
| 信息处理要求 | 输入信息 | 气象数据 |
| | 输出信息 | 导入数据清单 |

### 2. 气象因素与用户负荷特性分析

（1）需求综述：用于分析气象因素与用户负荷特性之间的关系。

（2）功能说明见表7-8。

表7-8                                    气象因素与用户负荷特性分析功能说明

| 名称 | | 功能说明 |
| --- | --- | --- |
| 业务规则 | | 展示了月气象数据和用户的月负荷特性数据，计算两者之间的皮尔森相关系数并展示于两者函数关系图上方。根据回归分析方法，绘制月气象数据和用户的月负荷特性数据之间的函数关系图，用于量化分析两者之间的关系 |
| 先决条件 | | 气象数据导入 |
| 功能要求 | 基本功能 | 提供用户选择查询功能；提供算法调用按键；提供导入基础数据；提供下载模板；以表格的形式展示气温与月负荷特性的变化情况；以图形的形式展示相关性趋势 |
| | 辅助功能 | 趋势图导出功能 |
| | 处理约束 | 对必填字段进行非空约束 |
| 信息处理要求 | 输入信息 | 12个月份的气温与月负荷特性的变化情况表 |
| | 输出信息 | 夏季最舒适日、夏季最不舒适日、冬季最舒适日和冬季最不舒适日对应的温度、湿度、风速趋势图 |

（3）界面（局部）设计示例如图7-9～图7-11所示。

### 3. 气象因素与地区负荷

（1）需求综述：用于分析地区气象因素与地区负荷特性之间的关系。

（2）功能说明见表 7-9。

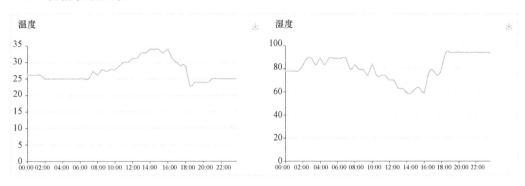

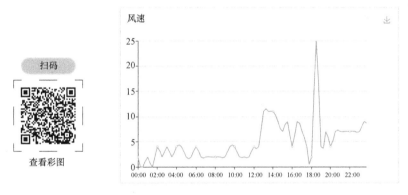

图 7-9　气象因素与负荷特性分析界面（局部）设计示例一

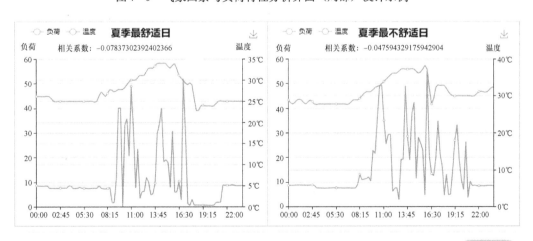

图 7-10　气象因素与负荷特性分析界面（局部）设计示例二（一）

查看彩图

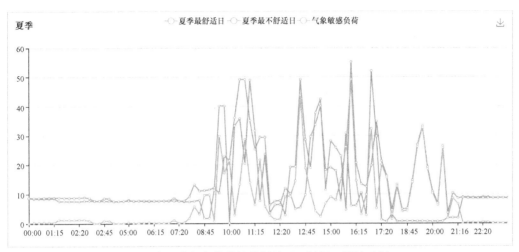

图 7-10　气象因素与负荷特性分析界面（局部）设计示例二（二）

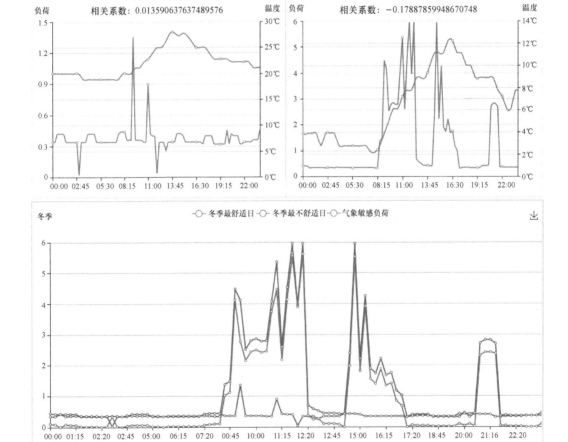

图 7-11　气象因素与负荷特性分析界面（局部）设计示例三

查看彩图

**表 7-9**                 **气象因素与地区负荷特性分析功能说明**

| 名称 | | 功能说明 |
|---|---|---|
| 业务规则 | | 展示了地区气象数据和地区的月负荷特性数据，计算两者之间的皮尔森相关系数并展示于两者函数关系图上方。根据回归分析方法，绘制地区气象数据和地区的月负荷特性数据之间的函数关系图，用于量化分析两者之间的关系 |
| 先决条件 | | 导入地区气象数据 |
| 功能要求 | 基本功能 | 支持省市区选择查询；气温与月负荷特性的变化情况表：年度1~12月份月最大负荷、月最小负荷、月最大峰谷差、平均最高温度和平均最低温度指标数据；生成相关系数表，$R\,(a,d)$，$R\,(a,e)$，$R\,(b,d)$，$R\,(b,e)$，$R\,(c,d)$，$R\,(c,e)$；单击"算法调用"；支持数据导出 |
| | 辅助功能 | 无 |
| | 处理约束 | 对必填字段进行非空约束 |
| 信息处理要求 | 输入信息 | 气温与月负荷特性的变化情况表 |
| | 输出信息 | 月最大负荷、月最小负荷、月最大峰谷差相关系数趋势图 |

（3）界面（局部）设计示例如图 7-12 所示。

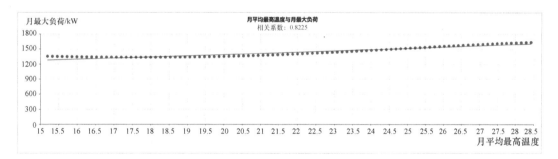

图 7-12   气象因素与当地负荷特性分析界面（局部）设计示例

### 4. 地区经济因素与当地负荷特性分析

（1）需求综述：用于分析地区经济因素与当地负荷特性之间的关系。

（2）功能说明见表 7-10。

**表 7-10**                 **地区经济因素与当地负荷特性分析功能说明**

| 名称 | 功能说明 |
|---|---|
| 业务规则 | 展示了地区社会经济数据和地区的年负荷特性数据，计算两者之间的皮尔森相关系数并展示于两者函数关系图上方。根据回归分析方法，绘制地区社会经济数据和地区的年负荷特性数据之间的函数关系图，用于量化分析两者之间的关系 |
| 先决条件 | 导入地区经济数据 |

| 名称 | | 功能说明 |
|---|---|---|
| 功能要求 | 基本功能 | 选择省市区；按 GDP、经济结构和收入水平进行分类统计，统计年份跨度根据收资情况确定，如收资包含 2011—2015 年，则生成的表格中包含这五年的数据；调用算法；支持数据的导出 |
| | 辅助功能 | 无 |
| | 处理约束 | 对必填字段进行非空约束 |
| 信息处理要求 | 输入信息 | GDP/亿元、全市用电量/万 kW·h、年最大负荷/kW、年最小负荷/kW、年最大峰谷差/kW、年最小峰谷差/kW、年平均峰谷差/kW、第一产业、第二产业、第三产业 |
| | 输出信息 | 年最大负荷、年最小负荷、年最大峰谷差、年平均峰谷差相关性趋势图 |

（3）界面（局部）设计示例如图 7-13 所示。

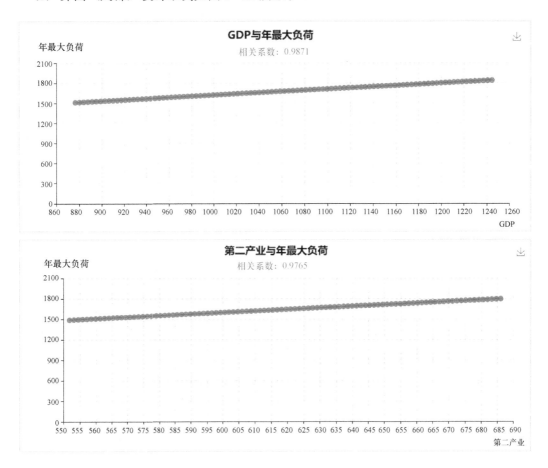

图 7-13　地区经济与当地负荷特性分析界面（局部）设计示例

5. 电价因素与用户负荷特性分析

（1）需求综述：用于分析电价因素与用户负荷曲线之间的关系。

（2）功能说明见表7-11。

表7-11　　　　　　　　　　电价因素与用户负荷特性分析功能说明

| 名称 | | 功能说明 |
| --- | --- | --- |
| 业务规则 | | 根据分时电价政策，输入分时电价价目和时段划分方案，给出当地分时电价曲线。计算用户负荷曲线与电价曲线之间的相关分析指标，包括最大互信息数、皮尔森相关系数和欧氏距离，并根据这三个指标判断用户是否属于电价敏感型用户 |
| 先决条件 | | 录入分时电价 |
| 功能要求 | 基本功能 | 选择行业；选择用户；调用算法；输入分时电价 |
| | 辅助功能 | 无 |
| | 处理约束 | 对必填字段进行非空约束 |
| 信息处理要求 | 输入信息 | 分时电价价峰时、分时电价价平时、分时电价价谷时 |
| | 输出信息 | MIC、相关系数、欧式距离、是否电价敏感性用户、日负荷曲线、电价曲线 |

（3）界面（局部）设计示例如图7-14所示。

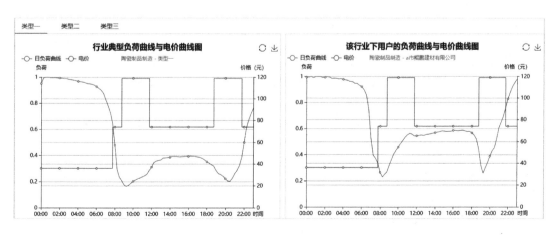

图7-14　电价因素与用户负荷特性分析界面（局部）设计示例

# 7.5 业扩报装

### 1. 用户报装

（1）需求综述：用于对报装用户的用电信息（包括用户名称、报装容量和用电地点等）进行保存、更新和管理。

（2）功能说明见表7-12。

表7-12　　　　　　　　　　　用户报装功能说明

| 名称 | | 功能说明 |
|---|---|---|
| 业务规则 | | 用户报装模块是用电用户信息的输入窗口，用电用户的信息是后续对用户负荷进行预估的基础和依据。模块还提供了用户信息列表的管理功能 |
| 先决条件 | | 录入用户基础信息 |
| 功能要求 | 基本功能 | 基础信息，包括省市区、用户名称、用电地点等基础信息；支持地图选点 |
| | 辅助功能 | 无 |
| | 处理约束 | 对必填字段进行非空约束 |
| 信息处理要求 | 输入信息 | 接入用户基本信息 |
| | 输出信息 | 省市区、用户名称、用电地点、用电性质、报装容量、所属行业、主要产品、时间要求、建筑面积 |

（3）界面（局部）设计示例如图7-15所示。

### 2. 预估曲线

（1）需求综述：根据用户用电信息给出用户负荷曲线的预估结果，并给出推荐的最优负荷预估结果，供软件使用人员进行选择。

（2）功能说明见表7-13。

表7-13　　　　　　　　　　　预估曲线功能说明

| 名称 | | 功能说明 |
|---|---|---|
| 业务规则 | | 预估曲线模块通过用户提供的建筑面积、报装容量等信息，算法预估得到用户的负荷水平，通过细分行业负荷特性分析的结果，结合用户提供的高峰用电时段、高峰用电水平估计和低谷用电水平估计等信息，算法预估得到用户的负荷趋势，最终获得用户的负荷曲线预估结果 |
| 先决条件 | | 录入用户基础信息 |
| 功能要求 | 基本功能 | 调用算法给出几种选中行业的预估曲线及采用的算法方法；给出推荐方案 |
| | 辅助功能 | 无 |
| | 处理约束 | 对必填字段进行非空约束 |

| 名称 | | 功能说明 |
|---|---|---|
| 信息处理<br>要求 | 输入信息 | 选中报装用户 |
| | 输出信息 | 聚类方法、聚类数目、生成时间、核算容量、日最大负荷、日负荷率、日峰谷差率、典型负荷曲线 |

新用户报装

图 7-15 用户报装界面（局部）设计示例

（3）界面（局部）设计示例如图 7-16 所示。

### 3. 报装方案

（1）需求综述：用于对新报装用户的报装方案进行编制，并根据报装方案，给出用户接入后供电点的负荷曲线及相关指标。

（2）功能说明见表 7-14。

119

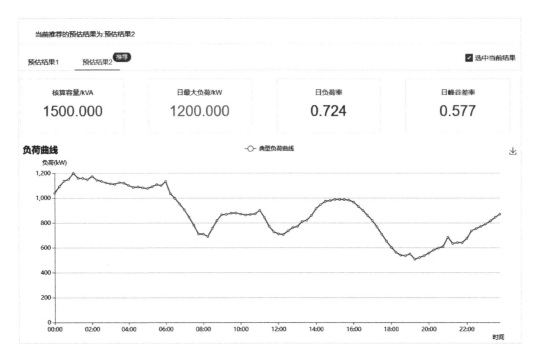

图 7-16 预估曲线界面（局部）设计示例

**表 7-14** 报装方案功能说明

| 名称 | | 功能说明 |
|---|---|---|
| 业务规则 | | 通过设置各个方案的待接入馈线、各条馈线的接入容量，算法将相应容量的用户负荷叠加至各条馈线原本的负荷上，页面对各个方案下用户接入前后的馈线的负荷曲线及相关负荷特性指标进行展示，为规划人员选择合理的报装方案提供参考依据 |
| 先决条件 | | 录入馈线信息 |
| 功能要求 | 基本功能 | 手工录入方案，包括方案名称、馈线、额定电流和接入容量；实现对方案的修改和删除操作；调用算法；实现原始和导入馈线的切换 |
| | 辅助功能 | 无 |
| | 处理约束 | 对必填字段进行非空约束 |
| 信息处理要求 | 输入信息 | 方案名称、额定电流、馈线、接入容量 |
| | 输出信息 | 馈线情况、馈线日负荷曲线 |

（3）界面（局部）设计示例如图 7-17、图 7-18 所示。

| 方案名称 | 区县局供电局 | 变电站 | 10kV线路名称 | 额定电流 | 接入容量/kV·A |
|---|---|---|---|---|---|
| 方案一 | ××供电所 | ××变电站 | 725××线 | 340 | 1500 |
| 方案二 | ××供电所 | ××变电站 | 714××线 | 340 | 1500 |
| 方案三 | ××供电所 | ××变电站 | 707××线 | 340 | 1500 |

**<<　　◉ 用户报装　　⊞ 预估曲线　　⊞ 报装方案**

**方案信息**

图 7-17　报装方案界面（局部）设计示例一

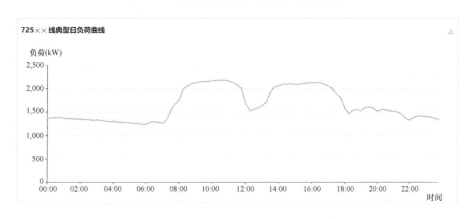

图 7-18　报装方案界面（局部）设计示例二

# 7.6　电力优化组合

## 1. 馈线组合

（1）需求综述：用于选择需要重组电力负荷以改善轻载或重载情况的馈线，并可对各条馈线下的负荷情况进行查看。

（2）功能说明见表 7-15。

表 7-15　　　　　　　　　　　　　　　　馈线组合功能说明

| 名称 | 功能说明 |
|---|---|
| 业务规则 | 该模块可对参与电力负荷优化重组的馈线进行选择和管理，并通过查看馈线负荷曲线及馈线下各用户负荷曲线情况，帮助软件使用人员评估和判断该馈线是否需要、是否适合进行电力负荷优化重组 |
| 先决条件 | 无 |

续表

| 名称 | | 功能说明 |
|---|---|---|
| 功能要求 | 基本功能 | 录入馈线，可录入多条馈线；实现新增馈线；实现对录入馈线的编辑和删除操作；显示录入馈线对应的用户负荷曲线和馈线负荷曲线 |
| | 辅助功能 | 无 |
| | 处理约束 | 对必填字段进行非空约束 |
| 信息处理要求 | 输入信息 | 馈线名称、供电所、变电站、额定电流 |
| | 输出信息 | 馈线、待接馈线下各用户负荷曲线、待接馈线负荷曲线 |

（3）界面（局部）设计示例如图 7-19、图 7-20 所示。

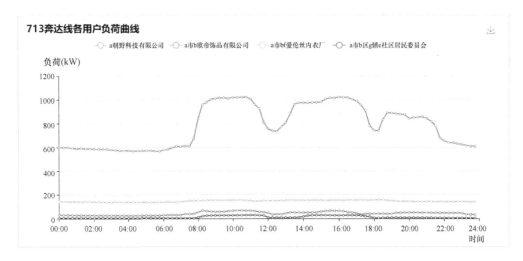

图 7-19  待接馈线信息界面

图 7-20  录入馈线界面

## 2. 优化方案

（1）需求综述：用于调用算法对选定馈线下的负荷进行优化重组，并展示电力负荷优化组合的方案及效果。

（2）功能说明见表 7－16。

**表 7－16　　　　　　　　　　　　优化方案功能说明**

| 名称 | | 功能说明 |
|---|---|---|
| 业务规则 | | 采用多目标优化算法对负荷进行优化重组，以优化方案下各条馈线的负荷率最大化及日峰谷差率最小化为优化目标，生成负荷优化组合方案 |
| 先决条件 | | 无 |
| 功能要求 | 基本功能 | 根据馈线组合中录入的馈线信息，调用算法生成优化组合方案；展示各条馈线下变压器信息，显示原接入位置和现接入位置；以表格形式显示各馈线下的用户信息；以图形展示馈线服务曲线；显示日最大电流、日负荷率、日峰谷差率、最小负荷率的优化前和优化后数据 |
| | 辅助功能 | 无 |
| | 处理约束 | 对必填字段进行非空约束 |
| 信息处理要求 | 输入信息 | 馈线、电流 |
| | 输出信息 | 原接入位置、现接入位置、重载馈线、待接馈线 1、待接馈线 2、日最大电流、日负荷率、日峰谷差率、最小负荷率、馈线优化前后对比 |

（3）界面（局部）设计示例如图 7－21 所示。

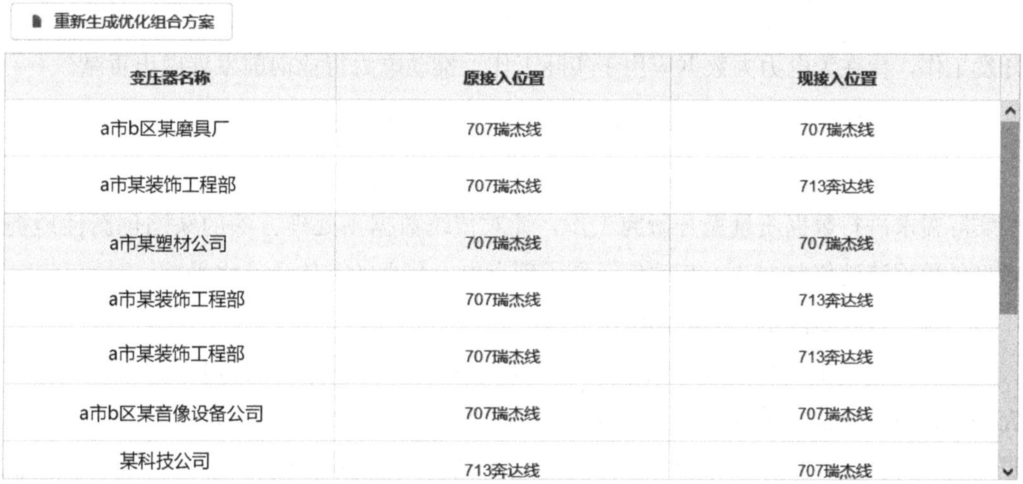


| 变压器名称 | 原接入位置 | 现接入位置 |
|---|---|---|
| a市b区某磨具厂 | 707瑞杰线 | 707瑞杰线 |
| a市某装饰工程部 | 707瑞杰线 | 713奔达线 |
| a市某塑材公司 | 707瑞杰线 | 707瑞杰线 |
| a市某装饰工程部 | 707瑞杰线 | 713奔达线 |
| a市某装饰工程部 | 707瑞杰线 | 713奔达线 |
| a市b区某音像设备公司 | 707瑞杰线 | 707瑞杰线 |
| 某科技公司 | 713奔达线 | 707瑞杰线 |

图 7－21　优化方案界面（局部）设计示例

# 8 结　语

在大数据不断发展、智能电网建设工作不断推进的大背景下，电力行业原始数据不断积累，使得大数据技术在电力行业的实际应用成为可能[79]，但就我国目前电力行业数据利用现状来看，暂时还处于"数据丰富、信息匮乏"的阶段。如何对电力大数据进行高精度还原处理，如何利用先进数据挖掘方法提取更为深入的电力数据信息，是当前电网大数据发展面对的首要问题。实际上，实现大数据技术在电力系统的全面应用，从电力系统各子领域出发的研究和实践是必经之路。这些子领域中的数据通常也具有多类型、分散和未充分利用的特征，借助大数据技术既可促进子领域的技术进步，也能够在一个较小的、可控的范围内验证、发展电力大数据技术，并为最终的多领域融合做好准备。

考虑到现阶段电力系统理论研究的发展情况以及电网业务开展的实际需求，选取理论研究较为成熟的负荷特性分析这一子领域并展开电力大数据应用的深入探讨，完成了"基于数据挖掘的多维度负荷特性分析及负荷特征库构建研究""影响用户负荷特性的关键因素分析""多维度用户负荷特性分析模块开发""多维度负荷特性分析方法研究"四个方面的研究开发工作，旨在为电力大数据应用于实际工作，推动电力行业向前发展做出贡献。

### 1. 基于电力大数据真实状况提出了先进的数据质量提升方法

对电网的真实负荷数据展开数据质量分析，结合当前数据的分析结果与电网对电力数据的实际需求进行数据质量提升研究工作，针对传统数据预处理方法的缺陷创新性地提出了新型的数据清洗修复方法，有效地提高了现有电力数据的整体质量水平。

（1）基于低秩矩阵填充的数据清洗方法。

针对电力数据中普遍存在的数据缺失、数据质量不佳的问题，提出一种基于低秩矩阵填充的数据清洗算法。该算法基于目标数据的低秩特性，可以实现对目标数据集中缺失的数据进行填充恢复，目标数据的低秩程度越高，则恢复效果越好。由于负荷数据的低秩性是一种针对整条负荷曲线而不是一两个数据点的特性，即误差是针对整条曲线而言的，曲线上所有点的恢复准确度应当一致，因此恢复的整体平均误差与最大误差波动都是相当稳定的，经验证此方法在数据的恢复准确度上可以达到97％以上。

（2）基于生成式对抗网络的数据还原方法。

针对电力数据采集频率低、分辨率高、覆盖面广的数据集难以获取的问题，创新性地提出了一种基于生成式对抗网络的高分辨电力数据重建的方法，为挖掘长期积累的低分辨率电力数据集的潜在价值，还原数据集的高频细节信息提升原数据集的经济效益。

**2. 基于先进数据挖掘方法提出了负荷特征库的概念及具体的构建方法**

基于处理后的电力数据与先进的数据挖掘方法，从时域、频域等角度对用户负荷特性进行分析，构建了比现有体系更加完善的多维度负荷特征指标体系；综合负荷特性分析的结果，首次构建了可应用于实际的负荷特征库。

（1）基于先进数据挖掘方法的单一用户典型日负荷曲线提取方法。

提出了基于符号聚合近似与基于非参数核密度估计的单一用户日负荷曲线的提取方法，从负荷数据本身的分布特征角度进行负荷曲线的提取，弥补了传统日负荷曲线提取方法受特例影响较大、代表性不强的缺点，更为准确地反映用户的整体特征。

（2）基于灰狼优化改进的模糊均值聚类方法的行业负荷聚类分析。

将灰狼优化（GWO）算法与模糊 C 均值（FCM）算法相结合，一方面保留了 FCM 聚类算法收敛快、局部搜索能力强的优点，另一方面通过引入 GWO 算法，结合其较强的全局搜索能力、不易陷入局部最优等特点，选取初始聚类中心，从而改进了传统 FCM 算法聚类效果依赖初始值选取有可能会陷入局部最优的不足，进而获取了更好的聚类效果。

**3. 基于深度关联规则展开电价等多因素对地区负荷的影响分析**

针对政府和百姓积极关注的电力供需平衡问题，以缓解电网电力供应与用户需求间的矛盾，准确把握电力负荷变化的整体趋势为长远目标，研究负荷波动的影响因素，探索负荷特性指标间的内在隐藏规律，完成了电力系统负荷特性分析工作。

基于 Apriori 算法的负荷特性关联规则挖掘方法：Apriori 算法对负荷特性指标内在关联关系进行初步的分析，构建了负荷特性指标间的因果联动关系图，通过引入具有联动关系的负荷特性指标，可以提高后续负荷预测的准确性。

**4. 基于负荷特征库开展电力行业画像构建与电网实际业务应用**

基于负荷特征库所获取的多维度负荷特征指标，综合多个角度构建可用于描绘行业用电特征的电力行业画像，并利用多种先进智能算法展开电力画像在电网实际业务工作中的有效应用，优化电网业务流程，提高电网服务水平。

基于卷积神经网络和迁移学习的负荷类型识别算法：

基于行业画像提取的负荷特征，提出一种结合卷积神经网络与迁移学习的负荷高准确度识别算法，实现对新接入用户负荷类型的准确辨识，为后续提高新接入用户负荷曲线预估电网业扩业务水平奠定了基础。利用某市真实负荷数据进行仿真，此算法辨识的准确度可达 97.5%，验证了此算法的有效性。

随着智能电网的发展和高级量测体系的建设，电力系统积累了海量的基础用电数据，这些数据背后蕴含了丰富的信息，对充分利用海量的电力大数据和挖掘出数据背后的有用信息具有重要意义。电力用户是电力系统的重要组成部分，深入挖掘电力用户负荷特性对电力系统规划、运行等具有重要意义，因而受到广泛的关注。数据挖掘的核心目的就是从海量数据中提取知识、挖掘知识，基于先进数据挖掘方法的多维度用户负荷特性能够发现隐藏在数据背后的用电习惯，可以帮助电网了解用户的个性化、差异化服务需求，从而使电网公司进一步拓展服务的深度和广度。

随着高级量测体系的建设和 5G 通信技术的发展[80]，负荷数据的体量和维度将进一步扩大，同时电力市场的发展和越来越多新能源电动汽车的接入，对电力系统规划、运行提出了新的挑战，基于现有的研究基础，对未来的负荷特性分析研究提出了如下建议：

1）面向多地区的海量负荷数据，实现多地负荷特性的分析与比较。

2）拓宽负荷特性分析的应用，优化电力系统资源配置。

3）考虑数据可视化与操作便捷化，进一步优化改进负荷特性分析软件。

# 参 考 文 献

［1］Mobasher B，Cooley R，Srivastava J. Automatic personalization based on Web usage mining ［J］. Communications of the Acm，2000，43（8）：142‐151.

［2］Mehta M，Rissanen J，Agrawal R. MDL‐based decision tree pruning ［C］//Knowledge Discovery and Data Mining. AAAI Press，1995.

［3］Singh D，Raman B，Luhach A K，et al.［Communications in Computer and Information Science］Advanced Informatics for Computing Research Volume 712 ｜｜ Analyzing Factors Affecting the Performance of Data Mining Tools ［J］. 2017，10. 1007/978‐981‐10‐5780‐9（Chapter 19）：206‐217.

［4］慕春棣，戴剑彬，叶俊，等. 用于数据挖掘的贝叶斯网络 ［J］. 软件学报，2000（05）：660‐666. DOI：10. 13328/j. cnki. jos. 2000. 05. 012.

［5］崔继凯. 零售业中 OLAP 和数据挖掘若干算法的研究与实现 ［D］. 西安电子科技大学，2004.

［6］许中卫，李龙澍. 基于粗糙集理论的数据挖掘算法研究 ［J］. 微机发展，2001（01）：6‐9.

［7］梁旭，张楠，黄明，等. 一种新的高效关联规则数据挖掘算法 ［J］. 大连铁道学院学报，2001（01）：60‐63，74.

［8］李龙，魏靖，黎灿兵，等. 基于人工神经网络的负荷模型预测 ［J］. 电工技术学报，2015，30（08）：225‐230. DOI：10. 19595/j. cnki. 1000‐6753. tces. 2015. 08. 028.

［9］孙吉贵，刘杰，赵连宇. 聚类算法研究 ［J］. 软件学报，2008（01）：48‐61.

［10］柳小桐. BP 神经网络输入层数据归一化研究 ［J］. 机械工程与自动化，2010（03）：122‐123，126.

［11］易平涛，李伟伟，郭亚军. 线性无量纲化方法的结构稳定性分析 ［J］. 系统管理学报，2014，23（01）：104‐110.

［12］俞立平，宋夏云，王作功. 评价型指标标准化与评价方法对学术评价影响研究——以 TOPSIS 评价方法为例 ［J］. 情报理论与实践，2020，43（02）：15‐20，54. DOI：10. 16353/j. cnki. 1000‐7490. 2020. 02. 003.

［13］马立平. 统计数据标准化——无量纲化方法——现代统计分析方法的学与用（三）［J］. 北京统计，2000（03）：34‐35.

［14］苏为华. 多指标综合评价理论与方法问题研究 ［D］. 厦门大学，2002.

［15］张靠社，何优琪，刘福潮，等. 基于曲线相似性的负荷分类方法及其应用研究 ［J］. 电网与清洁能源，2014，30（07）：32‐37.

［16］顾王卿，李页佳，邵成翔，等. 基于带权分析的拉格朗日插值法 ［J］. 江苏师范大学学报（自然科学版），2015，33（04）：47‐49.

［17］曹彦，姜静，周驰. 负荷预测中相似日和影响因素的选择研究 ［J］. 周口师范学院学报，2014，31（05）：121‐123. DOI：10. 13450/j. cnki. jzknu. 2014. 05. 026.

［18］岑文辉，雷友坤，谢恒. 应用人工神经网与遗传算法进行短期负荷预测 ［J］. 电力系统自动化，1997（03）：32‐35.

[19] Yu‐Mei Huang，Hui‐Yin Yan．Weighted Nuclear Norm Minimization‐Based Regularization Method for Image Restoration [J]．Communications on Applied Mathematics and Computation，2020（pre-publish）．

[20] 李元诚，方廷健，于尔铿．短期负荷预测的支持向量机方法研究 [J]．中国电机工程学报，2003（06）：55‐59．

[21] Goodfellow I，Pouget‐Abadie J，Mirza M，et al．Generative Adversarial Nets [C] // Neural Information Processing Systems．MIT Press，2014．

[22] Single Image Super‐resolution from Transformed Self‐Exemplars．J. Huang；A. Singh；N. Ahuja．IEEE Conference on Computer Vision and Pattern Recognition．2015．

[23] 李富盛，林丹，余涛，等．基于改进生成式对抗网络的电气数据升频重建方法 [J]．电力系统自动化，2022，46（03）：105‐112．

[24] 佟雨兵，张其善，祁云平．基于 PSNR 与 SSIM 联合的图像质量评价模型 [J]．中国图象图形学报，2006（12）：1758‐1763．

[25] 吴毓峰，李富盛，余涛，等．基于残差双重注意机制网络的电力数据压缩与高精度重建 [J]．电网技术，2022，46（08）：3257‐3271．DOI：10.13335/j.1000‐3673.pst.2021.1419．

[26] 唐俊熙，曹华珍，高崇，等．一种基于时间序列数据挖掘的用户负荷曲线分析方法 [J]．电力系统保护与控制，2021，49（05）：140‐148．DOI：10.19783/j.cnki.pspc.2004.09．

[27] 白亮．符号属性数据聚类算法的研究 [D]．山西大学，2011．

[28] 王丽红，杨华，田志宏，等．非参数核密度法厘定玉米区域产量保险费率研究——以河北安国市为例 [J]．中国农业大学学报，2007（01）：90‐94．

[29] 曹华珍，吴亚雄，李浩，等．基于海量数据的多维度负荷特性分析系统开发 [J]．电力系统保护与控制，2021，49（06）：155‐166．DOI：10.19783/j.cnki.pspc.200636．

[30] Solving the Inverse Fractal Problem from Wavelet Analysis [J]．A. Arneodo；E. Bacry；J. F. Muzy．EPL（Europhysics Letters），1994（7）．

[31] 林开颜，徐立鸿，吴军辉．快速模糊 C 均值聚类彩色图像分割方法 [J]．中国图象图形学报，2004（02）：34‐38，1．

[32] An Efficient k‐Means Clustering Algorithm：Analysis and Implementation [J]．Tapas Kanungo；David M. Mount；Nathan S. Netanyahu；Christine D. Piatko；Ruth Silverman；Angela Y. Wu．IEEE Trans. Pattern Anal. Mach. Intell.，2002（7）．

[33] 吴亚雄，高崇，曹华珍，等．基于灰狼优化聚类算法的日负荷曲线聚类分析 [J]．电力系统保护与控制，2020，48（06）：68‐76．DOI：10.19783/j.cnki.pspc.190486．

[34] 宫改云，高新波，伍忠东．FCM 聚类算法中模糊加权指数 m 的优选方法 [J]．模糊系统与数学，2005（01）：143‐148．

[35] 吴亚雄，高崇，曹华珍，等．基于灰狼优化聚类算法的日负荷曲线聚类分析 [J]．电力系统保护与控制，2020，48（06）：68‐76．DOI：10.19783/j.cnki.pspc.190486．

[36] 朱连江，马炳先，赵学泉．基于轮廓系数的聚类有效性分析 [J]．计算机应用，2010，30（S2)：139‐141，198．

[37] 鲍洁秋，马源浩，陈思安．电能计量点 GPS 定位管理方案设计 [J]．农业科技与装备，2017（08）：32－34. DOI：10.16313/j. cnki. nykjyzb. 2017.08.011.

[38] 王利利，张琳娟，许长清，等．能源互联网背景下园区用户画像及成熟度评价模型研究 [J]．中国电力，2020，53（08）：19－28.

[39] 赵晋泉，夏雪，刘子文，等．电力用户用电特征选择与行为画像 [J]．电网技术，2020，44（09）：3488－3496. DOI：10.13335/j. 1000－3673. pst. 2019.2138.

[40] 江明，邹云峰，徐超，等．基于行业用电模式的企业电费逾期风险预测 [J]．电力需求侧管理，2019，21（05）：79－83.

[41] 代卫星，曹华珍，林冬，等．广东电网用户负荷特性及用电特点研究 [J]．广东电力，2015，28（07）：55－61，67.

[42] 谭欢．南方电网公司方电网公司《业扩报装和配套项目管理办法管理办法》解读 [J]．农村电工，2017，25（09）：1－2. DOI：10.16642/j. cnki. ncdg. 2017.09.001.

[43] 骆柏锋，穆云飞，贾宏杰，等．基于负荷特征库的大用户供电接入决策方法 [J]．电力系统自动化，2018，42（06）：66－72.

[44] 唐华松，姚耀文．数据挖掘中决策树算法的探讨 [J]．计算机应用研究，2001（08）：18－19，22.

[45] 刘华文．基于信息熵的特征选择算法研究 [D]．吉林大学，2010.

[46] Breslow L A, Aha D W. Simplifying decision trees: a survey [J]. Knowledge Engineering Review, 1997, 12 (1): 1－40.

[47] Specht D F. A general regression neural network [J]. IEEE Transactions on Neural Networks, 1991, 2 (6): 568－576.

[48] Specht D F. Probabilistic neural networks. Neural Networks, 1990, 3: 109－118.

[49] 卢宏涛，张秦川．深度卷积神经网络在计算机视觉中的应用研究综述 [J]．数据采集与处理，2016，31（01）：1－17. DOI：10.16337/j. 1004－9037. 2016.01.001.

[50] 石祥滨，房雪键，张德园，等．基于深度学习混合模型迁移学习的图像分类 [J]．系统仿真学报，2016，28（01）：167－173－182. DOI：10.16182/j. cnki. joss. 2016.01.023.

[51] 周飞燕，金林鹏，董军．卷积神经网络研究综述 [J]．计算机学报，2017，40（06）：1229－1251.

[52] 庄福振，罗平，何清，等．迁移学习研究进展 [J]．软件学报，2015，26（01）：26－39. DOI：10.13328/j. cnki. jos. 004631.

[53] 王伯芝，陈文明，黄永亮，等．基于集成 Dropout－DNN 模型的盾构掘进速度预测方法 [J]．科学技术与工程，2023，23（17）：7558－7565.

[54] Zelalem L T. 微调期间安全且可验证的迁移学习框架 [D]．西安电子科技大学，2023. DOI：10.27389/d. cnki. gxadu. 2022.000561.

[55] 申超群．基于负荷密度法与 Logistic 模型法的饱和负荷预测研究 [D]．郑州大学，2016.

[56] 雷绍兰，古亮，杨佳，等．重庆地区电力负荷特性及其影响因素分析 [J]．中国电力，2014，47（12）：61－65，71.

[57] 王榕，张子义，王书春．电力负荷与气候条件关联规律的探讨 [J]．吉林电力，2004（05）：37－39. DOI：10.16109/j. cnki. jldl. 2004.05.011.

[58] 朱成章. 季节性电力负荷的形成及解决途径 [J]. 电力需求侧管理, 2003 (02): 6-8.

[59] 韩丹, 张宏波, 贾勇. 经济因素对电量的影响分析与预测 [J]. 吉林电力, 2009, 37 (03): 16-19, 27. DOI: 10.16109/j. cnki. jldl. 2009.03.005.

[60] 张静. 新常态下我国产业经济结构转型研究 [J]. 哈尔滨师范大学社会科学学报, 2022, 13 (03): 79-83.

[61] 黄志勇. 消费结构变动趋势与扩大广西居民消费问题研究 [J]. 市场论坛, 2006 (09): 2-6, 10.

[62] 董长贵, 蒋艳, 李瑜敏. 电价交叉补贴的多维视角: 效率、公平、外部性与供给约束 [J]. 中国人口·资源与环境, 2022, 32 (07): 137-150.

[63] 李燕杰. 探讨桂林地区节假日电力供求特性及对电网运行的影响 [J]. 广西电力, 2011, 34 (04): 32-33, 59. DOI: 10.16427/j. cnki. issn1671-8380. 2011.04.010.

[64] 陈日进. 销售预测中指数平滑法与时间序列分解法的比较 [J]. 统计与信息论坛, 2004 (04): 40-43.

[65] 郁嘉嘉, 左郑敏, 程鑫. 外部因素对广东省电网负荷特性的影响分析 [J]. 水电能源科学, 2018, 36 (05): 210-213.

[66] 高亚静, 孙永健, 杨文海, 等. 基于新型人体舒适度的气象敏感负荷短期预测研究 [J]. 中国电机工程学报, 2017, 37 (07): 1946-1955. DOI: 10.13334/j. 0258-8013. pcsee. 160278.

[67] 秦海超, 王玮, 周晖, 等. 人体舒适度指数在短期电力负荷预测中的应用 [J]. 电力系统及其自动化学报, 2006 (02): 63-66.

[68] 同济大学数学系. 概率论与数理统计 [M]. 北京: 人民邮电出版社, 2017.

[69] 张若愚, 刘敏, 李震. 基于用户响应的分时电价策略研究 [J]. 电力科学与工程, 2023, 39 (04): 12-19, 36, 102.

[70] 孙广路, 宋智超, 刘金来, 等. 基于最大信息系数和近似马尔科夫毯的特征选择方法 [J]. 自动化学报, 2017, 43 (05): 795-805. DOI: 10.16383/j. aas. 2017. c150851.

[71] 肖勇, 赵云, 涂治东, 等. 基于改进的皮尔逊相关系数的低压配电网拓扑结构校验方法 [J]. 电力系统保护与控制, 2019, 47 (11): 37-43. DOI: 10.19783/j. cnki. pspc. 180912.

[72] 刘华婷, 郭仁祥, 姜浩. 关联规则挖掘 Apriori 算法的研究与改进 [J]. 计算机应用与软件, 2009, 26 (01): 146-149.

[73] 杨海龙, 陈振婷, 孙业红. "双碳" 背景下电力系统的结构性矛盾及对策 [J]. 宏观经济管理, 2023 (07): 77-85. DOI: 10.19709/j. cnki. 11-3199/f. 2023.07.010.

[74] 张金娥. 影响电力业扩报装速度的因素及解决方法 [J]. 电力需求侧管理, 2011, 13 (05): 63-65.

[75] 葛少云, 蔡期塬, 刘洪, 等. 考虑负荷特性互补及供电单元划分的中压配电网实用化自动布线 [J]. 中国电机工程学报, 2020, 40 (03): 790-803. DOI: 10.13334/j. 0258-8013. pcsee. 181013.

[76] Srinivas N. DebK. Multiobjective function optimization using nondominated sorting genetic algorithms [J], Evolutionary Computation, 1995, 2 (3): 221-248.

[77] Engelbrecht Andries P. 计算群体智能基础 [M]. 北京: 清华大学出版社, 2009.

[78] Deb K, Agrawal S, Pratap A, et al, A fast elitist nondominated sorting genetic algorithm for multi-objective optimization: NSGA-II [A], Proc of the Parallel Problem Solving from Nature VI Conf [C],

Paris，2000：849-858.

［79］彭小圣，邓迪元，程时杰，等．面向智能电网应用的电力大数据关键技术［J］．中国电机工程学报，
2015，35（03）：503-511.DOI：10.13334/j.0258-8013.pcsee.2015.03.001.

［80］张宁，杨经纬，王毅，等．面向泛在电力物联网的5G通信：技术原理与典型应用［J］．中国电机工
程学报，2019，39（14）：4015-4025.DOI：10.13334/j.0258-8013.pcsee.19089.